천 만 영화 속
부산을 걷는다

천만 영화 속 부산을 걷는다

강태호 지음

W미디어

천 만 영화와 함께 부산을 재미있게 여행하기
- 나도 영화감독이다

스무 살, 무작정 걸었다. 어디로 가야 할지, 가서 무엇을 해야 할지 모를 때라 가능하지 않았을까. 길어도 한 나절이라 발품으로 충분했었다. 혼자 가기 머쓱했는지 하루 종일 컴퓨터 붙들고 있던 친구 한 놈을 꼬드겼다.

"나랑 어디 좀 가자."

"어디?"

"부산."

내 입에서 '부산'이라는 소리가 나왔을 때 친구의 표정을 잊을 수 없다. 멍청한 소리 하지 말라는 그 눈빛에 오기가 생겼다. 투덜대는 애완견을 데리고 공원에 나가듯 힘겹게 부산을 떠돌았다. 집과 학교, 그리고 가끔 놀던 서면 이외의 장소에 가고 싶었을 뿐 들고 다닐 짐도, 카메라도 필요치 않았다. 환승도 안 되는 버스 갈아 타며 인생의 첫 여행을 시작했고, 30분이면 끝날 줄 알았던 무작정 여행을 지금도 계속하고 있다.

부산을 잠시 떠나며 심심찮게 들었던 소리가 '부산 가면 어디로 가냐?'이다. 기다렸다는 듯 거침없이 파노라마 사진을 읊어 줬지만 소용없었다. 그들이 기억하는 건 영화 〈해운대〉에 등장한 뜨거운 해변이 전부였다. 인위적으로 만든 홍보책자를 유심히 살펴보는 사람도 없음을 깨달았다. 전통시장을 설명하기에 〈국제시장〉보다 나은 책자는 없고, 매축지마을의 역사를 알기 위해 〈친구〉만한 교수님은 없었다. 이는 천 만 영화가 주는 장점이 분명하다.

여기에 한 가지 추가했다. 바로 '나'의 필모그래피. 내가 본 부산도 곽경택, 윤제균 감독에 뒤지지 않는다. 살면서 천 만 영화 두세 편 찍어보지 않은 사람 있을까. 사진기에 한 컷 담을 때마다 아련한 추억의 향기가 코끝을 스치며 웃음 짓게 만들 것이다.

천 만 영화와 함께 부산을 재미있게 여행해보자. 미술관이나 전시회 작품 구경하듯 기웃거리지 말고 영화 속의 주인공이 되어보자는 말이다. 범일동의 국제호텔을 지나며 "마이무따 아이가"도 외쳐보고, 이기대 체육공원에서 광안대교를 바라보며 "둘 이, 기생 기, 이기"라고도 속삭여보자.

부산 사람만이 부산의 추억을 간직하고 있는 게 아니다. 지금 여러분이 들고 있는 슬레이트를 치는 순간부터 시작이다. 무한히 사용할 수 있는 머릿속 필름은 오늘도 돌아가고 있다. 빨리 그리고 거침없이.

강태호

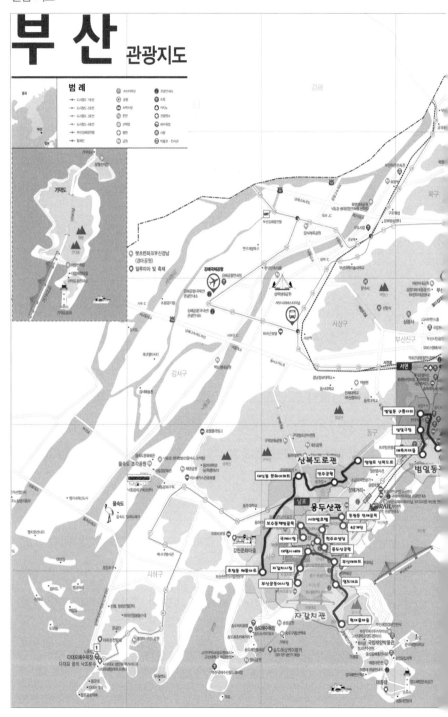

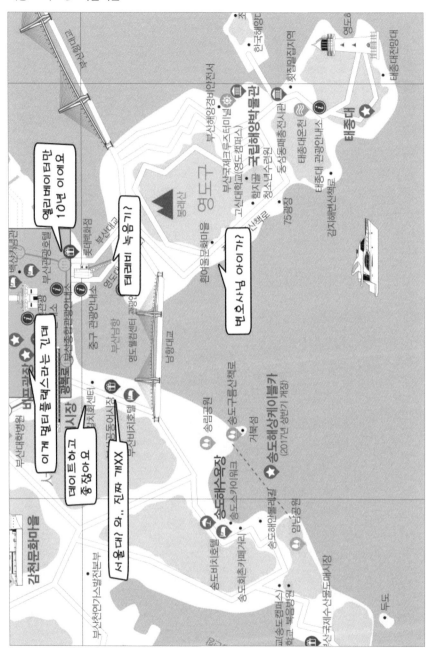

흰여울문화마을 → 2.24km → 영도대교 → 0.8km → 부산데파트 → 0.8km → 대영시네마 → 0.3km → 자갈치시장 → 1.38km → 공동어시장 (총 5.5km)

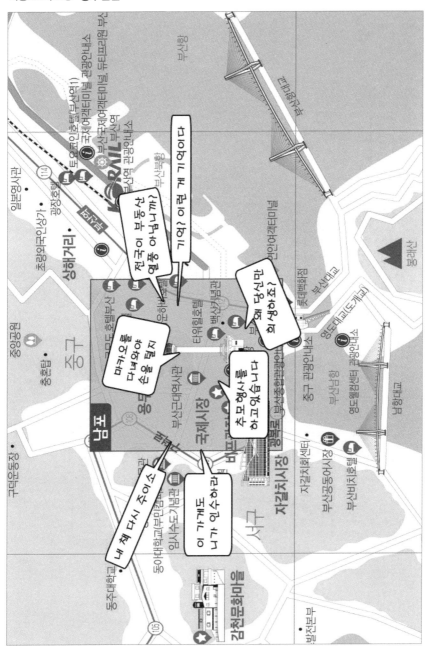

40계단 → 0.15km → 동광동 인쇄골목 → 0.15km → 서라벌호텔 → 0.3km → 천주교 중앙성당 → 0.15km → 용두산공원 → 0.6km → 보수동 책방골목 → 0.3km → 국제시장 꽃분이네 (총 3.3km)

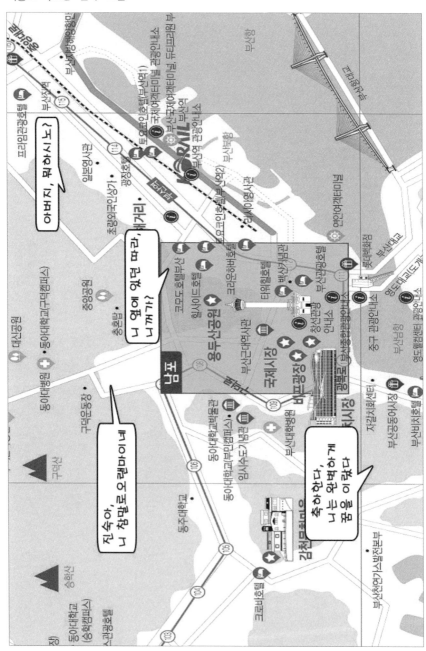

초장동 주택가 → 2.6km → 대신동 88롤라장 → 2km → 초량동 주택가 → 3km → 부산고등학교 (총 7.6km)

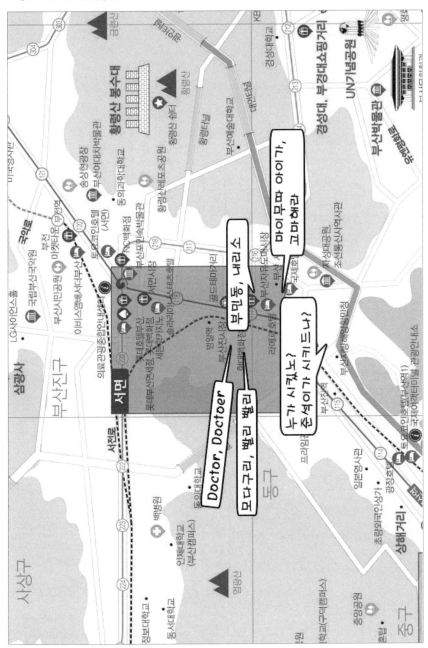

매축지마을 → 1km → 삼일극장 → 0.4km → 철길육교 → 0.8km → 자성대 거리 → 0.2km → 국제
호텔 (총 2.4km)

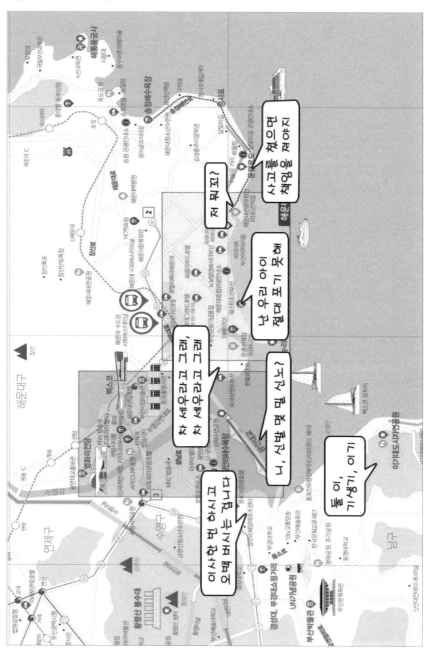

이기대 도시자연공원 → 3km → 남천 삼익비치 → 1km → 광안대교 → 3.75km → 해운대 마린시티 → 1.65km → 해운대 바다마을 → 1.29km → 해운대 미포 → 0.8km → 달맞이고개 (총 11.5km)

C•O•N•T•E•N•T•S

PART **1** 자갈치관 **17**

PART 1
자갈치관

흰여울문화마을 → 2.24km → 영도대교 → 0.8km → 부산데파트 → 0.8km →
대영시네마 → 0.3km → 자갈치시장 → 1.38km → 공동어시장 (총 5.5km)

변호사님, 우리 변호사님 아이가?

- 진우 어머니의 집을 수소문하는 우석. 마을 어르신에게 물으며 어렵사리 집을 찾는다.

우석 아지매, 아지매, 아무도 안계십니까?

- 저녁이 되어도 돌아오지 않자 우석은 계단에 앉아 잠깐 잠이 든다.

순애 변호사님, 우리 변호사님 아이가?

우석 아까는 제가 좀, 죄송했습니다이.

순애 고맙데이, 참말로 고맙다.

우석 고맙기는예.

늦은 밤, 진우 어머니가 집으로 돌아왔다. 자신의 집 앞에 잠들어 있는 우석. 그녀는 길을 막고 있는 한 사내의 얼굴을 잠시 들여다본 다. 인기척에 놀란 우석은 진우 어머니를 바라보며 가볍게 인사를 한다. 진우 어머니는 피곤에 찌든 우석의 얼굴을 보자 눈물이 나온 다. 그녀는 고맙다는 말을 연거푸 하며 우석의 손을 잡는다. 그녀의 입가는 미세하게 떨리고 있다. 희망이 없던 그녀에게 한 줄기 빛이 되어준 사람, 그가 바로 변호사다.

"그 집 아들이 없어지가지고 아지매가 찾아다닌다고 난리도 아이다 아입니까."

국밥집 옆의 가게 아주머니가 말했다. 진우는 예고 없이 사라졌다. 어디로 간 것일까? 오랜만에 국밥집에 들른 우석. 문 앞에는 개인 사정으로 쉰다는 손글씨만 보인다. 돼지국밥집 아들로 불리던 진우는 두 달 간 집에 오지 않았다. 아들이 없어지자 가슴이 철렁 내려앉은 엄마. 부산 온 동네를 이 잡듯이 뒤지며 돌아다녔지만 별 다른 소득이 없었다. 그러던 어느 날, 절망의 늪에 빠진 그녀에게 한 가지 희소식이 들려왔다. 공판기일 통지서. 공판이 무슨 말인지도 모를 사람한테 온 편지였다. 공판기일은 1981년 9월 9일이다.

사라진 아들은 부산구치소에 있었다. 진우가 살아 있다는 소식은 정말 고마웠지만 공판이라는 말이 생소했나보다. 국밥집 청소하던 아들이 갑자기 공판이라니. 그녀는 이 사건을 해결해줄 만한 사람이 떠올랐다. 세금전문 변호사 송우석. 국밥집에서 난동을 부려 내쫓았지만 매달릴 수밖에 없는 상황이다. 순애는 우석을 만나기 위해 사무실 계단 앞에 쪼그려 앉아 하루 종일 그를 기다렸다.

우석은 오랜만에 만난 진우 어머니가 반갑기만 하다. 그녀는 인사 대신 대뜸 "니, 변호사 맞제?"라고 물어본다. 우석은 그녀의 절박한 모습에 못이기는 척하며 사무실로 안내했다. 하지만 지금 그의 머릿

속은 온통 해동건설로 가득 차 있다. 갑작스런 스카우트 제의. 등기에 이어 세금까지, 더럽다며 손가락질 받던 지난날을 청산할 수 있는 좋은 기회였다. 드디어 성공의 문턱에 올랐다는 자부심에 도취한 우석은 진우 어머니의 부탁을 뿌리친다. 그래도 울고 계신 게 마음에 걸린 모양이다. 우석은 약속이 끝나고 찾아가겠다는 말을 남기고 사무실을 나선다.

우석은 약속을 지켰다. 해동건설 사장과 먹는 점심은 코로 들어가는지 입으로 들어가는지 알 수 없었다. 식사 전에 동호가 말한 부독련 사건이 마음에 걸렸다. 국밥집 아들이 무슨 일로 이런 큰 사건에 개입되어 있단 말인가. 고기가 잘 썰려도 입에 넣지 못한 우석은 호텔을 나와 영도로 향했다. 순애 어머니가 산다는 영도의 한 마을, 그 마을이 흰여울문화마을이다.

종이에 적힌 주소를 수소문하는 우석. 판잣집들 사이에 뻗은 골목을 지나간다. 주소가 있어도 집을 찾을 수 있을지 의문이다. 가로로 넓은 판잣집이 나오면 그 옆의 집은 세로로 넓은 판잣집이다. 시선만 살짝 돌리면 그 집이 그 집이고, 이 집이 저 집이다. 사람이 살지 않는지 방파제에 부딪히는 파도소리만 들린다. 딱딱한 구두를 신고 한참을 헤매다 만난 동네 어르신. 우석은 할머니를 보자 반가웠는지 인사도 대충 한 채 종이를 들이민다. 방향을 제대로 잡았는지 해안가 위에 뻗은 골목길로 이동하다 발걸음을 멈춘다.

흰여울 문화마을 입구. 멀리 바다에 보이는 묘박지

　아쉽게도 우석은 한낮의 아름다운 송도 앞바다를 보지 못했다. 그가 종이를 쳐다볼 때마다 뒤로 보이는 바다. 살랑거리는 바람에 코가 간지러웠는지 영도까지 파도가 인다. 마을로 오다 힘이 빠진 파도는 거품만 남기고 사라진다. 더욱이 촬영 중인 것을 아는지 눈치도 빠르다.

　마을 분위기가 조용하다. 젊은 층이 없다고 해서 무조건 시끌벅적하지 말라는 법은 없다. 보통 오래된 마을엔 동네 어르신들이 모퉁이에 앉아 담소를 나누신다. 오늘은 다리가 아프셨는지 거의 보이질 않으셨다. 그렇다 보니 아름다운 풍경이 가끔 으스스하게 보일 때가 있다. 나는 마을 턱밑까지 올라오는 파도를 자주 봤다. 사람과 닮은 파도다. 화나면 무섭고, 웃으면 빛도 데리고 온다.

우석은 진우 어머니를 한참이나 기다렸다. 해질녘, 그는 거멓게 물들고 있는 바다를 보며 담배를 입에 물었다. 영화에서 우석이 유일하게 담배를 피는 신이다. 차동경 경감에게 두드려 맞고도 담배를 입에 물지 않은 사람인데, 마음의 심란함을 엿볼 수 있는 장면이다. 여러 사람들이 이 계단에 앉는 것을 봤다. 다들 비슷한 표정엔 분명 이유가 있다. 앉아보면 안다. 잡다한 생각이 잠시 잊혀지나 했지만, 돌아오는 파도에 다시 떠오른다.

　　계단에 앉으면 보이는 건 송도 앞바다, 남항대교 그리고 쉬고 있는 배들. 마을을 따라 만나는 해양 산책로 끝엔 선박 주차장 묘박지錨泊地가 있다. 도심지에서 볼 수 있는 네모반듯한 칸은 없지만 다들 나름의 기준은 가지고 있는 게 분명하다. 큰 배가 들어갈 자리, 작은 배가 들어갈 자리. 불문율이라도 있는지 멱살 잡는 사람 하나 없었다.

　　흰여울? 글쎄, 무엇인가 쉽게 연상되지 않는다. 나는 부산에 살면서 이곳은 잘 알지 못했다. 아니 영도에 자주 놀러갔었음에도 흰여울마을에 들러본 적은 없었다. 간혹 영도 끝에 자리 잡은 태종대에 갈 때, 창밖으로 고개를 돌려본 게 전부였다. 더욱이 영도의 피란민 수용소에 관심 가질 나이도 아니었다.

　　흰여울이라는 네이밍에도 스토리가 있겠지만 뭔가 이질감이 느껴졌다. 내가 아는 이곳은 영선동이다. 영선동 아랫마을, 백발의 할머니가 부르는 또 다른 명칭도 있지만 영선동으로 알려진 곳이다. 마

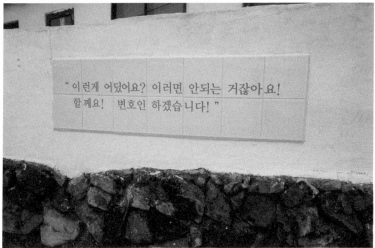

" 이런게 어딨어요? 이러면 안되는 거잖아요!
할께요! 변호인 하겠습니다! "

흰여울 문화마을의 오래된 골목길. 외벽에 적힌 영화 〈변호인〉의 대사가 새롭다

을보다 오래 전 분양한 낡은 아파트 때문이라면 이해가 빠르겠다.
1960년대 후반 분양을 시작한 영선아파트가 유명세를 탔지만, 내 기
억엔 동산아파트만 있다. 1990년대에 들어선 개별난방 52세대 아파
트, 송도 앞바다가 훤히 보인다며 광고하던 팸플릿이 생각난다. 광
안리니 달맞이고개니 한참 떠들썩거릴 때 영선동을 휴양지로 생각

하는 발상이 신선했었다. 땅땅이질 하던 조선 맨, 자갈치에서 발품을 팔던 아지매, 일용직 노동자들. 그들은 어릴 적 내가 길을 가다 만난 영선동 주민들이었다.

자갈치 아지매들이 많이 살았다. 자갈치시장 뒤로 올라선 하꼬방에 자리가 없으면 이리로 온다. 남포동, 영주동, 초장동, 보수동의 다닥다닥 붙은 집들에 들어가지 못한 사람들. 그들 중 일부가 영선동으로 온 것이다. 이곳에서 자갈치시장까지는 거리가 제법 된다. 남항대교가 생겨났어도 새벽부터 공동어시장에 볼 일이 없다면 감상용에 지나지 않는다.

흰여울마을뿐만 아니라 영도 주민들이 도심지로 나갈 수 있는 유일한 통로는 영도대교와 부산대교다. 마을에서 자갈치공판장까지는 거리가 멀어 건어물시장에서 장사를 한 사람이 많았다. 예전에는 판잣집 위에 말린 쥐포들이 많았었다. 해안 산책로에 가끔 갈 때면 쉽게 볼 수 있는 풍경이었는데, 지금은 어디로 갔는지 모르겠다. 이불 빨래 너는 사람들, 고추 말리는 사람들, 아니면 그들을 카메라에 담는 관광객들. 이제는 이들이 새로운 마을을 만들고 있다.

우석과 순애 그리고 진우는 이곳에서 무슨 생각을 했을까? 우석은 초행길이라 쳐도 순애와 진우는 이곳 주민이다. 피란시절 자리를 잡았는지 결혼 후 왔는지 모르겠지만, 지금도 살고 있으리라 생각된

골목길을 따라 페인트칠한 외벽이 산뜻하다. 무지개 계단이 새로 생겼다

다. 그들은 매일 같이 송도 앞바다를 보았다. 마을이 불에 탔어도,
태풍이 몰아쳐 지붕이 무너졌어도 그들은 떠나지 않고 남았다. 재개
발소식에도 떠나지 않을 것 같은 사람들. 계단에 쪼그려 앉아 바다
를 바라보니 그들의 마음이 조금 이해된다.

 말말말

"무릎을 꿇고 비는 장면이 가장 어려웠어요. 송강호와 첫 대면이었는데 그런 장면을
찍어서(웃음)"

배우 김영애 〈더 팩트〉(2014. 1. 12)

2 테레비 녹음기? 그기 뭐꼬?

> **중호** 어제 우리 엄마가 일본에서 테레비 녹음기 가져왔드라.
>
> **상택** 테레비 녹음기? 그기 뭐꼬?
>
> **중호** 녹음기처럼 테레비를 녹음할 수 있는 거 아이가.
>
> **동수** 뽕까지 마라. 세상에 그른 게 어디 있노?
>
> **중호** 참나, 미치겠네. 진짜다 임마.
>
> **준석** 세상에 그런 게 있으면 방송국 다 망하겠다. 황금박쥐 같은 거 다
> 녹음해가……

소독차를 따라다니는 꼬마들 신이 끝나면 곧바로 영도대교가 나온
다. 뱃고동을 울리는 고깃배가 영도다리를 향해 다가간다. 지금 어
른이 된 이 네 명의 꼬마들은 영도다리가 아닌 영도대교라는 말에
어색함을 느낄 게 분명하다.

나도 어색한 게 있다. 소독차를 따라다니다 헉헉거리는 퍼스트 신

뒤로 갑자기 영도대교가 나온다. 소독차가 지나는 장소는 부산의 범일동 굴다리 골목. 거기서 영도대교까지 온 거다. 이상한 건 아니다. 젊은 혈기에 몇 km 정도는 거뜬히 걸을 수 있으니까. 그런데 다리를 지나 영도로 들어가는 것이 아니라 남포동 방면으로 나온다는 사실이다. 짧은 시간 동안 그림자들의 섬 영도에서 무엇을 했는지 궁금했다. 나는 준석에게 물어보고 싶었지만 진지한 얘기 중이라 방해할 수 없었다.

40년 전, 준석은 방송국의 미래를 걱정하고 있었다. 아쉽지만 그의 예상은 빗나갔다. 방송국은 망하지 않았다. 중요한 건 네 명의 꼬마가 영도다리 위에서 미래를 얘기했다는 점이다. 이 친구들보다 훨

고故 현인의 동상. 뒤로 〈굳세어라 금순아〉 노래비가 보인다

씬 이전부터 영도다리에서 미래를 예견한 사람도 있었다. 그들은 가수 현인과 작사가 강사랑이다.

> "금순아 보고 싶고나 고향 봄도 그리워진데 영도다리 난간 위에 초생달만 외로이 떴다."
>
> 〈굳세어라 금순아〉 2절 中 / 작곡 : 박시춘, 작사 : 강사랑, 노래 : 현인

1953년 대구 양키시장에 있는 오리엔트 레코드사에서 발매한 곡이다. 1·4후퇴로 다시 아수라장이 된 대한민국. 작사가 강사랑은 연인 조금순과 흥남부두에서 헤어진다. 그는 통일 이후 다시 만나자며 기약 없는 약속을 한 채 피란길에 올랐다. 우여곡절 끝에 도착한 곳은 보따리장수들이 넘쳐나는 남포항. 배고픔과 치솟는 물가에 진절머리가 난 그는 다방 근처를 서성이며 하루를 보냈다. 그러다 영도다리 근처 어느 배에 적힌 '금순'이란 낙서를 보자 노랫말이 떠올랐다고 한다. 지금 할머니가 된 금순이는 이 노래를 알고 있을까? 알고 있다면 현인보다 더 애절하게 영도다리를 부를 게 분명하다.

빨갛게 물든 영도다리 밑으로 내려가면 유라리 광장이 나온다. 네이밍 공모를 통해 당선된 이 이름은 유럽인과 아시아인이 함께 즐겨보자는 뜻이다. 광장을 거닐다 보면 즐거움보단 아련함이 눈가를 간질거린다. 보따리를 이고 있는 엄마와 그녀의 손을 잡고 있는 대여

유라리 광장의 피란민 동상. 그들의 애환을 안고 영도다리 아래 바다는 말없이 출렁인다

섯 살쯤 되어 보이는 딸. 부산에 가면 살 수 있다는 희망을 품은 채 내려온 사람들이다. 잠잘 곳이 없던 수많은 사람들. 그들은 쓰레기를 모아 집을 만들며 영도다리를 서성였다.

그들이 남긴 흔적은 쓰러져 가는 판잣집이 유일하다. 가까이서 보면 지금 다리 옆에 버티고 서 있는 게 신기할 정도다. 50년지기 친구들은 어디론가 가버렸다. 이곳엔 남은 점집을 지키는 할머니만 홀로 계신다. 여든이 넘은 나이에 갈 곳이 없어 임대인도 함부로 내보내지 못하는 상황이다. 영도다리의 애환을 벗 삼아 미래를 점치던 할머니도 어느새 모습을 보이지 않고 있다. 헤어진 가족을 찾아주다 자신의 차례가 왔는지 문은 굳게 닫혀 있다.

전쟁은 영도다리를 만남의 장소로 바꾸어 놓았다. 영화 〈국제시장〉에서 덕수 아버지가 말했다. 국제시장에서 일하는 고모네 가게 '꽃분이네'에 가 있으라고. 그리고 영도다리에서 만나자고 말이다. 어린 덕수는 아무것도 모른 채 그저 고개만 끄덕이며 울먹인다.

가족을 외면하는 경우도 종종 있지만, 피는 물보다 진하다는 건 여전하다. 아니 영원하다. 오갈 데 없고 배고파도 헤어진 가족만큼은 찾고 싶어 했다. 그들은 영도다리를 서성이며 한없이 눈물만 흘렸다. 한둘 없어져도 모를 판국에 오지도 않을 새끼들을 기다렸다. 점집은 그들을 위해 생겨났다. 슬픔을 역으로 이용했는지는 알 수 없지만 실낱같은 희망을 준 사람들이었다.

나는 처음에 점집을 없애려 한다는 소식을 들었을 때 기분이 나빴다. 영도다리 철거 논란도 아물지 않았을 때니 말이다. 전범들을 욕하면서도 그들이 지어준 다리를 철거할 수 없다는 사람들. 하물며

점바치 골목에 남은 유일한 판잣집

떠나간 이들에게 거짓희망을 주던 사람들이 사라지는데 대한 애통한 내 마음. 이중적인 잣대를 사이에 두고 어디로 가야 할지 모르는 마음에 내 자신에게도 기분이 나빴다.

어릴 적, 이곳은 동네 대형 마트 크기의 건물에 점집들이 옹기종기 모여 있었다. 그 모습을 사진에 담지 않은 후회감도 남아 있다. 더 늦기 전에 한 컷 담아두려 애썼다. 아쉽지만 판잣집이 완전히 없어지는 건 시간 문제다. 그렇다 보니 점집 철거를 바라보는 시선도 많이 달라졌다. 다들 헤어진 아들, 딸, 형제, 부모를 만났으니 점집들이 없어지는 것이다. 그런 생각에 내 마음을 추슬러본다.

나는 점집과 테레비 녹음기보다 더 강렬한 기억이 하나 있다. 하물며 영도다리가 빨간색 스타킹도 신지 않았을 때다. 누가 주먹질을 했는지 페인트가 벗겨져 있었고, 틈새로 녹물이 떨어졌다. 찢겨진 몸통 사이로 녹물이 흐르면 그 밑에 물고기떼가 몰려왔다. 배고픈 숭어들은 자그마한 움직임에도 즉각 반응을 보이곤 했었다.

더러운 물에 떠다니는 담배꽁초, 검은색 비닐. 이것들이 영도다리 아래 숭어들과 함께 헤엄쳤다. 아무도 치우지 않아 며칠이 지나도 그 자리는 변함없었다. 한 번씩 비가 오거나 커다란 배가 지나가면 어디론가 가버릴 뿐. 직접 치우려는 사람은 드물었다.

이상한 건 더러운 물을 사랑하는 사람들이 있었다는 사실이다. 내가 기억하기로 그들은 나의 아버지, 고기잡이배 선원, 낚시꾼, 조선소 노동자들이었다. 아버지는 낚시를 좋아했었다. 아주 잠깐 바람이 불어서인지 몰라도 물고기가 있는 곳이라면 어디든 다니셨다. 취사 금지에 대한 규제가 강하지 않아 그 자리에서 매운탕을 해먹는 사람도 있었다. 하지만 아버지는 잡은 물고기를 그대로 풀어주셨다. 어린 나는 쉽사리 이해되지 않았다. 주변에서 큰 물고기를 잡았다며 소리치는 사람이 득실거렸는데 말이다.

그런 일을 반복하다가 어느 순간이 되면 그는 자리에서 일어났다. 더러워진 손으로 주머니에서 무엇인가를 꺼냈다. 아주 작게 접혀진 천 원짜리 세 장. 연한 보라색에 흰색 수염이 섞인 할아버지. 모양새

영도다리에서 보이는 풍경. 용두산 아래의 남포동과 봉래산 밑의 봉래동이 보인다

는 상관없었다. 숫자만 제대로 보이면 됐으니 말이다. 그가 나에게 돈을 건네자 나는 들떴었다. 개미만 괴롭히던 나에게 새로운 임무가 주어진 기분이었다. 자갈치 건어물시장에서 보이는 영도. 그는 새로운 자리에서 다시 시작해보려 했었다.

영도다리의 정비된 인도

"건너갈게요."

아버지는 누군가에게 말했다. 나는 돈을 건네고선 비린내가 코를
찌르는 작은 배에 올라섰다. 통통배. 정확한 이름은 모른다. 모터 소
리가 통통거린다고 붙여진 이름이다. 사람들이 그 배를 그렇게 불렀
다. 금방이라도 멈출 것 같이 울던 모터 소리를 들으며 우린 영도를
쳐다봤다. 5분이 지나면 이름 모를 아저씨들 틈새로 뒤섞였다. 다들
무엇인가에 홀렸는지 영도 앞바다만 멍하니 쳐다보고 있었다. 잡히
지도 않을 물고기를 기다리던 기분, 나는 잘 안다. 덕분에 나는 지금
까지도 낚싯대 한 번 잡아보지 않았다.

통통배는 사라졌다. 잘 나가는 자동차와 1분 간격으로 지나가는

우리나라 유일의 도개교인 영도대교의 들려진 모습. 아래는 야경

버스들 때문인지 모르겠다. 200m의 거리를 한 번 건너는 게 아쉬운 사람들은 도개跳開 시간을 기다린다. 오후 두 시. 사이렌이 울리면 대교를 지나는 차량들이 정지한다. 이 시간이 싫어 유턴하기 바쁜 택시도 있다. 사람들은 부활한 영도다리의 도개 장면을 사진기에 담기에 분주하다. 서로 좋은 자리를 차지하겠다며 아우성이지만 낚시하는 아저씨들보다 능수능란하지 못하다. 나는 늘 낚시꾼들 뒤로 줄을 서서 들려지는 다리를 쳐다봤다.

곽경택 감독은 화려한 도개 장면 대신 그리움이란 주제로 영도대교를 카메라에 담았다. 일본 유명 회사에서 나온 비디오 〈황금박쥐〉. 아마 이 신을 촬영하며 먼지 묻은 골동품을 꺼내지 않았을까? 나도 집 어딘가에 숨겨 놓은 골동품을 찾아봤다. 아쉽게도 영도다리와 관련된 건 없었다. 대신 기억에만 숨 쉬던 그곳의 이야기들. 나는 이제야 숨겨둔 골동품을 꺼내본다.

 말말말

"젊었을 때에는 나와 뜻을 함께하는 사람이 친구인 줄 알았어요. 그런데 세상을 좀 살고 보니 아니더라고요."

감독 곽경택 〈이데일리〉 (2013. 12. 3)

금방이면 끝납니다. 엘리베이터만 10년이에요

— 등산복 차림의 마카오 박. 자전거를 건물 외부에 세워 놓고 건물로 들어간다.

경찰　하루 종일 이 길바닥에서 비비겠구만. 거 어떻게 된 거냐, 내 커피는?

뽀빠이　(고개를 숙이며) 천천히 가. 경찰이 깔렸어.

— 엘리베이터 고장에 경비실 앞을 서성이는 건물 주민들.

경비　수리센타 불렀어요. (무전기에다) 선수 퇴장합니다.

경찰　영식아, 니가 이쪽 맡아라. 우리가 저쪽 갈 테니까.

— 수리센타 직원들로 변장한 도둑들 등장.

주민1　언제 고치 줄끼고?

뽀빠이　금방이면 끝납니다.

주민2　아이, 애가 이렇게 울잖아요.

뽀빠이　엘리베이터만 10년이에요.

진실에 가슴 졸이던 남자가 있다. 뽀빠이. 그의 화려한 엘리베이터 경력이 말해주듯 전문가 냄새가 풀풀 난다. 건물 외부엔 경찰들이 눈에 불을 켜고 있지만 긴장한 내색 하나 보이지 않는다. 괜히 속내를 들킬까 숨기려는 사람과 차원이 다르다. 그의 숨은 실력과 내공이 엘리베이터 안에서 펼쳐진다. 뽀빠이는 마카오 박에 속아 다이아를 도둑맞고 뺨까지 맞으며 자존심을 구긴 사람이다. 더 이상 참을 수 없었는지 잘 갈아놓은 칼을 뽑아 들었다. 하지만 승강기 위로 올라가자 발만 동동 구르게 된다.

영화는 최동훈 감독의 호기심에서부터 시작됐다. 그는 중국과 홍콩에 얽힌 오래된 역사보다 마카오 카지노의 소식이 궁금하긴 했다. 그는 이곳에서 물건을 도난당하면 재밌을 것 같다는 생각에 시나리오 작업에 들어갔다고 한다.

영화감독이 신경 쓰는 건 시나리오만이 아니다. 훌륭한 배우도 잘 챙겨야 하는 법. 마카오 박은 사연 있는 여자 팹시를 마음에 두고 있었다. 영화 〈타짜〉에서 이루어지지 못한 사랑을 원했을까? 적과의 동침을 시작한 그녀는 복수할 날만 기다렸다. 줄이 끊어지고. 궁지에 몰린 팹시는 자신을 버린 남자 덕에 교도소로 직행했다. 오해는 오해를 낳을 뿐. 속내를 드러내지 않는 도둑들에겐 평범한 일이다. 이런 기준으로 세상을 바라보면 도둑들은 정말 많다.

"그때 나는, 우리가 조금 달랐다고 생각했는데⋯⋯."

팹시는 안마를 받던 마카오 박을 향해 말했다. 미묘한 감정이 남아 있으리라 기대한 것과 달리 그녀는 자존심만 구기고 방문을 빠

져나왔다. 도둑들이 로미오와 줄리엣처럼 뜨거운 사랑을 하지 말라
는 법은 없다. 너는 그냥 아는 여자였다는 듯 말하는 마카오 박에 기
분이 나빴던 것이다. 그 뒤로 팹시는 다이아만 찾자는 생각으로 작
업에 열중했다. 엘리베이터에 다시 오르기 전까지는. 그녀는 부산의
오래된 건물에서 뜻밖의 진실을 알게 된다.

시나리오의 절정. 부산데파트 앞에서 모든 것이 밝혀진다. 처음엔
와이어 신까지 모두 이곳에서 촬영된 줄 착각했었다. 건물 모양도
흡사했고, 난관이야 새로 부착했으니 하고 넘어갔으니 말이다. 예니
콜의 화려한 줄타기 솜씨와 마카오 박의 총구 조준 실력. 경찰들과

움푹 들어간 부산데파트의 창문. 리모델링한 상가의 깔끔한 섀시와 비교된다

알아보기 쉽도록 정리된 작은 간판. 품목은 바뀌지 않았다

검은 조직의 갈등 속에서 펼쳐진 하이라이트는 부산데파트가 아니었다. 그 신들은 이곳과 비슷한 분위기가 나는 인천의 오래된 한 아파트에서 촬영됐다.

솔직히 말해 부산데파트는 도둑들이 한 번 스쳐간 정도다. 경찰들이 마카오 박의 동태를 살피는 장면. 복수를 하겠다는 뽀빠이 일당들이 들이닥치는 장면. 건물을 들락날락거리는 도둑들의 움직임. 이정도가 전부다. 하지만 도둑들이란 개념에서 접근해보면 의미 있는 장소다. 그들이 몸을 숨기기에 더 없이 좋은 장소라는 건 틀림없는 사실이다.

야심한 밤에 내부를 돌아보면 심지어 거부감도 든다. 오래된 오피

어두침침하고 조용한 복도는 오래된 학교를 연상케 한다

스텔 복도에서 나는 분위기. 어릴 적 교실에 있었던 나무로 된 창문. 한 층 한 층 올라갈 때마다 누군가 문을 열고 튀어나올 것 같다. 한물간 백화점이라지만 사람 냄새 하나 나지 않는다. 낮에 가면 그나마 눈이라도 마주치는 상인들이 있는데, 밤에는 외출중이라 써놓은 희미한 글귀들만 보인다.

부산 최초의 백화점. 50살을 바라보고 있는 데파트는 현재 가슴앓

이 중이다. 리모델링을 통해 현대식 건물로 탈바꿈했지만 분위기는 바뀌지 않았다. 더욱이 사람들이 쉽게 찾을 수 있는 1, 2층은 환한데 비해 3, 4층은 어두컴컴하기 때문이다. 구둣발자국 소리 들릴 때면 고개 돌리기 바쁘다. 공포영화 찍어도 흥행할 것 같은 느낌이 든다. 복도를 지날 때마다 안쪽에서 들리는 남자 목소리. 아무 문이나 열어도 누군가 취조를 받으며 고문당하고 있을 것 같다.

데파트는 백화점이란 뜻의 영어 디파트먼트의 일본식 발음이다. 더럽고 냄새나는 동광시장이 있던 자리에 세워졌다. 시청 맞은편이라 새로운 변화가 필요한 시점이었다. 번영회가 시에 건의한 내용들이 승인되어 세워진 현대식 건물이다. 어쩌면 부산에서 장사를 했던 일본인들을 기다렸는지는 모르겠다. 이름 한 번 잘 지었는지 한때 일본인 관광객들의 발길이 끊이질 않았었다.

지금은 소소한 일거리에 만족한 상인들만이 자리를 지키고 있다. 사람 한 명도 오지 않을 때가 많다는 아주머니. 역사의 흔적이라 막상 알려도 삭막한 분위기에 사진 찍을 엄두도 나지 않는다. 청년 창업에 한 자리 임대 가능하다는 얘기도 들었지만 빈 공간은 줄어들지 않고 있다.

직격탄이라면 시청의 이전이겠다. 부산데파트 건너에 있던 시청은 연산동으로 자리를 옮겼다. 남아 있는 사람들이라곤 관광객을 위해 민예품, 수공예품, 액자 등을 파는 사람이 전부다. 그나마 환전소

부산은행의 예전 마크가 보인다. 세월을 이기지 못하고 마크가 변색됐다

가 있어 동남아시아나 중국인들이 한꺼번에 몰려들기도 한다. 지하철역 주위로 이렇게 발길이 끊긴 것도 신기한 일이다. 반대편엔 대형 은행 건물과 음식점이 꽤나 많음에도 부산데파트 내부로 들어가는 사람은 거의 없다.

상권이 줄어든 영향에 대형 백화점도 원인을 제공했다. 롯데백화점. 부산이면 롯데인가. 언제부터 부산에 롯데란 이름이 이렇게 많았는지 모르겠다. 오랜 공사기간 끝에 완공한 롯데백화점은 과거 부산데파트가 그랬던 영광을 재현하고 있다. 영도 앞바다가 보이는 전망대에 도개 공사까지 도와주었으니 인기도 많다.

지역 뉴스에선 부산은행 주주총회 배경으로 종종 나오던 곳이다. 지점이 있어서 가능하겠지만 2000년대 초반까지도 등장했었다. 부산의 대형 은행이란 명분이 데파트의 역사성에 기인한 건 아니었다. 현대화가 많이 진행된 시점인데도 불구하고 꽤나 오랫동안 지속됐었다. 현재 문현동에 있는 금융단지로 본거지를 옮겼어도 형태만은 남아있다. 오랜만에 만난 부산은행 옛날 마크가 반가웠다.

은행원의 발길이 끊긴 이후 가장 이슈가 된 건 리모델링이다. 전보다 보기가 좋아진 외관에 사진 찍는 사람도 간간이 보인다. 예전엔 화장실 타일을 벽에 붙여 놓은 것 같았다. 오래된 화장실 바닥에나 볼 수 있는 조각조각들. 다행히 흰색이라 용변보고 싶다는 생각은 들지 않았다. 비가 와도 새까맣게 찌든 때는 지워지지 않고 오랫동안 머물러 있었다.

촬영 장소와 확실히 어울리는 분위기다. 환전소가 오랫동안 있어 외국인과의 문제도 빈번했었다. 위조지폐를 가져와 난동부리는 사람들. 모조제품을 판매하다 적발된 상인들. 포장마차가 많던 시절엔 돈을 내지 않고 도망가던 사람들. 도로가 좁아 차량 사고도 많았던 부산데파트 뒷길. 30년 넘게 자리를 지킨 상인들은 이제 편하게 지켜보는 분위기다. 옆 동네 자갈치에선 아직도 자리싸움으로 인한 언쟁이 끊이질 않고 있다. 좋은 상황은 아니지만 부산데파트의 열정적인 상인들이 돌아와 주었으면 한다.

한 가지 아쉬운 건 지하식당에 들르지 않았다는 사실. 도둑들이 우글거리는 모습만 필요했는지 영화 속 배우들과 경찰들은 자리를

인기척 없는 내외부와 달리 지하식당은 찾는 발길이 분주하다

빨리 비웠다. 잠복근무하면 배가 고프니 교대로 식사라도 하면 좋지 않았을까? 부산데파트 지하 1층. 아직 상권이 죽지 않았음을 말해주고 있다. 어르신들의 놀이터이기도 하지만, 소문을 듣고 자리를 잡은 연인들이 많다. 입구에 써 놓은 흔한 메뉴판에도 사람이 몰려드니 신기할 따름이다. 특별한 식당을 정해 놓지 않았을 때는 고민이 된다. 지하차도에서 곧바로 들어올 수 있는 위치라 꼬르륵 소리에 고개를 한 번 돌려본다. 배고픈 도둑들에게 한 턱 내고 싶어질 때면 나는 가끔 문을 열어젖힌다.

 말말말

"(출연고사에 대해) 솔직히 다른 배우들과 경쟁해서 버틸 수 있는 무기가 없더라."

배우 이정재 〈이투데이〉 (2012. 8. 9)

이게 멀티플렉스라는 건데,
니 같은 끌배이가 뭘 알겠노

달구 그라고 이제 니도 좀 그마해. 살날도 이제 얼마 안 남았는데, 똥고
집 좀 그만 부리고. 가게 팔아가 목돈도 좀 만지고.

덕수 이 새끼 또 뭐라 씨부리쌌노.

달구 내봐라 내. 진작에 가게 팔아가지고 이래 큰 건물 안 지아뿐나. 이기
그 멀티플렉스라 하는 긴데, 뭐 니 같은 끌배이가 뭘 알겠노카믄.

덕수 주디를 고마 확 진짜 씨, 콱.

달구 아이고 말 하는 꼬라지 봐라. 늙어가지고.

달구는 덕수를 한심하다는 듯 쳐다본다. 그의 눈빛엔 성공했다는
자부심이 대단하다. 아직 추억에 빠져 있는 덕수를 비아냥거린다.
그래도 영화는 영화인가 보다. 33m²(10평)도 안 되는 가게를 지키겠
다며 구청 직원들과 싸우는 덕수. 후한 가격에 쳐주겠다는 데도 추
억을 고집하는 인물. 그는 가난에 맞서 싸웠지만, 벗어나지 못했다.

가게를 지키는 이유는 분명히 있다. 하지만 아마 많은 사람들이 그를 바보라고 말할지도 모르겠다.

달구는 시대 변화에 민감한 사람이다. 영화에선 그가 처한 현실적인 상황이 나오지 않지만 멀티플렉스 준공이 모든 것을 말해준다. 또한 부둣가에서 발품을 팔던 덕수에게 탄광에 가자며 꼬드긴 장본인이다. 전쟁이 끝나며 먹을 것과 일자리가 부족했던 부산에선 부둣가 노역이 대부분이었다. 달구는 캐릭터 설정으로 탄생한 인물이지만 현실적인 사람이다. 덕수와 달리 우리 주변에서 흔히 볼 수 있는 그런 사람 말이다.

달구가 영화 속에서 세운 멀티플렉스는 남포동에 위치한 대영시네마이다. 1957년 개관. 반세기가 지나고 10년이 더 흘렀다. 현실 속 소유주는 알려진 대로 원로배우 고은아씨다. 그녀에게 이곳은 어떤 의미인지는 모르겠지만 이름만 남겨 놓은 상태다. 부산 영화관의 상징이었던 대영시네마는 아쉽지만 예순을 넘기지 못하고 막을 내렸다.

이유는 간단했다. 어깨가 벌어진 멀티플렉스의 등장. 물론 이 위기가 처음은 아니었다. 1990년대 백화점에 딸린 영화관들이 들어설 때 폐관을 한 적이 있었다. 잠시 주춤거리더니 리모델링을 통해 살아남으려 안간힘을 썼다. 그 와중에 부산국제영화제가 개최되며 탄력을 받나 싶었지만 잠시뿐이었다. 한눈 판 사이에 부산국제영화제

대영시네마에서 보이는 자갈치시장 입구. 네온사인 불빛이 저녁 식사시간을 알린다

는 해운대로 옮겨갔다. 이젠 대영시네마에서 영화를 본 사람들만이 이 거리에 남았다.

나는 이곳에서 영화를 보지 못했다. 아니 안 본 게 맞을 듯싶다. 스스로 영화를 좋아한다고 말하고 다녔지만 정작 영화관은 논외였다. 긴장감 넘치는 스릴러물, 로드무비, 얼터너티브 등 내가 찾았던 건 뛰어난 시나리오가 뒷받침된 작품이었다. 그렇다 보니 상업 영화와 더불어 인디 영화를 뒤지기 시작했었다. 사실 어느 영화관에서 보든지 상관없었다. 특별한 영화만 상영해준다면 그만이었다. 관객도 한두 명이 아니듯 영화관도 한두 관이 아니니 말이다.

부산극장 앞, 씨앗호떡을 먹고자 길게 늘어선 행렬. 아래는 대영시네마

부산에서 가장 오래된 부산극장이 폐관했을 때도 특별한 감정은 들지 않았다. 72년 동안 함께해서 대단하다는 생각만 했지 영화관이 주는 상징성엔 관심이 없었다. 이유가 많지만 나는 멀티플렉스의 편리함이 좋았다. 부산극장 주변의 많은 인파에 묻히기 싫었고, 대형극장에 딸린 식당가를 선호했다. 멀리 이동하지 않고 데이트 코스를 생각할 수 있어서 좋으니 말이다. 하지만 정작 내 마음에 들지 않았던 건 입구를 지날 때 밟히는 쓰레기들이었다.

부산국제영화제가 아니었으면 남포동 극장가는 더 빨리 몰락했을지 모른다. 그런데 막상 사라진다고 하니 찾지 않을 수 없었다. 뒤늦게 접한 소식이라 이미 공사가 한창 진행될 때였다. 먹자골목을 오가며 수없이 보았던 빨간색 글자 '대영시네마'. 저녁때가 되면 부산극장과 대영시네마는 기다림에 목마른 사람들의 장소였다. 나는 남포동에서 약속이 있을 때면 언제나 대영시네마 앞에서 만났다. 부산극장 앞에서 밟히는 쓰레기들이 싫기도 했지만 상대적으로 사람들이 적었기 때문이다.

지금은 먹자골목 여기저기서 씨앗호떡을 쉽게 볼 수 있지만 2000년대 초만 해도 그런 건 없었다. 간단한 분식에 전통 호떡 정도가 주메뉴였다. 지금은 업그레이드된 버전이라기보다 창업공간이란 느낌도 든다. 나는 지갑을 잘 열지 않았었다. 특히 대영시네마 앞에서 군밤과 오징어를 팔던 아주머니의 목소리가 생생히 기억난다. 한 봉지

부산극장에서 내려다보이는 비프 존. 텅 빈 극장과 달리 먹자골목은 활황이다

사달라던 아주머니. 눈을 오랫동안 마주쳤어도 나는 약속한 상대가
오기만을 기다렸다. 요즘엔 먹지 않아도 천 원짜리 몇 장을 꺼내어
사가지고 집에 온다.

　빈자리가 생기면 누군가가 들어오게 마련이다. 부산극장과 대영
시네마는 자연스럽게 새 주인을 맞이했다. 덩치 큰 친구들. 달구가

세운 멀티플렉스보다 두 배 이상 크다. 서면과 해운대에 위치한 것에 비하면 몸집이 작지만 불편한 건 전혀 없다. 이름은 그대로인데 뭔가 알 수 없는 것들로 가득 차 있다. 기분이 좋아야 하는데 막상 문을 열고 들어가면 미소가 금방 지어지진 않는다. 이런 상황을 두고 '있을 때 잘해'라고 말하나 보다.

나는 요즘 남포동에 있는 소극장을 찾는다. 연극을 주로 하는 극장인데 간혹 독립영화를 상영할 때가 있다. 극장의 이름은 조은극장. 대영시네마에서 한 블록 떨어진 곳에 위치해 있다. 2009년 개관한 이후 2관도 생겨난 상태다. 1관은 300석 규모이고, 2관은 100석 규모다. 나는 그래서 2관을 찾는다. 대형 스크린에서 느껴지지 않는 무엇인가가 이곳에 있다.

1980년대 부산극장과 대영시네마를 찾았던 사람들은 이런 기분이지 않았을까? 비상계단을 제외하면 영화관에 들어가는 입구가 하나다. 또한 늦게 오면 먼저 앉은 사람들과 무릎을 부딪치는 수고를 해야 한다. 작은 목소리로 "죄송합니다"를 연거푸 말하고선 겨우 자리에 앉는다. 가슴을 두드리는 배경음악과 눈을 사로잡는 홀로그램은 없다. 귀를 간질거리거나 눈을 비비게 만드는 수준이지만 나는 이곳이 좋다.

언제가 될지 모르겠지만 인터뷰에 나서고 싶다. 데이트를 하러 남

배우들의 핸드프린팅 동판. '부산'의 예전 영문 표기명인 'P'가 눈에 띈다

포동에 오면 항상 대영시네마에 들렀던 사람처럼. 앉을 자리가 없어 벽에 몸을 기댄 채 영화를 보았던 그 사람처럼. 사라진 극장에 한숨을 내쉬는 할머니 할아버지처럼. 지금부터 나는 이곳의 필름을 머리에 담아두려 한다. 몇 사람 보지 않는 작은 영화들을 자랑스럽게 말할 수 있는 날을 기대해 본다.

 말말말

특수 분장을 하고 돌아다녀도 날 못 알아본다. 그 정도로 완벽하게 분장이 됐다.
배우 황정민 〈아시아투데이〉 (2014. 11. 10)

간만에 데이트도 하고 좋잖아요

영자　저랑 같이 좀 가요.

덕수　어데를?

영자　그냥 와요.

덕수　제사가 낼 모랜데 벌써부터 제사 음식 준비한다고 참, 몸도 안 좋
　　　다면서…….

영자　미리미리 준비해야죠. 그리고 간만에 이리 데이트도 하고 좋잖아요.

덕수　돌았나…….

영자가 돋보기로 신문을 훑고 있는 덕수를 쳐다본다. 파리만 날리
는 꽃분이네. 가게 외부는 수입 양주와 과자 그리고 기타 생필품으
로 빈틈없지만 손님 하나 없다. 맞은편엔 아주머니들이 하나둘씩 기
웃거리는데, 덕수 쪽은 휑하다. 그의 심술이 사람들을 떠나보냈는지
아니면 수입 양주가 시큼한 건지 알 길이 없다.

영자는 덕수의 마음을 이해하는 유일한 사람이다. 심심해하는 덕수를 위해 가게를 찾았다. 덕수는 한낮에 만난 영자가 반갑지만 내색하지 않는다. 몇 번 관심 가져 줘야 마음을 움직이는 덕수. 영자는 그것을 잘 알기에 부드럽게 손짓으로 안내한다. 못이기는 척하며 따라 나선 덕수는 표정이 좋지 않다. 그들이 도착한 곳은 자갈치시장. 만날 가던 곳인 데다 덕수가 싫어하는 나훈아 노래까지 흘러 나왔다. 한 아주머니가 덕수 얼굴만한 문어를 들고서 칼로 내리치며 덕수를 바라본다.

영자의 입에서 데이트란 말이 튀어나오자 덕수는 머쓱해 한다. '돌았나'라는 걸쭉한 부산사투리를 하며 남진 노래를 틀어달라는 덕수. 외모나 목소리로 보나 남진보다 월등한 나훈아가 좋다는 영자. 말싸움에서 밀린 덕수는 노래를 튼 자갈치 아지매를 쏘아댄다. 화가 난 나머지 자리를 박차고 일어서자 반대편에서 달려오는 30년 전의 덕수를 마주한다. 그는 대낮부터 꼼장어에 소주를 맛보던 달구를 만나러 뛰어가던 중이었다.

자갈치시장, 부산을 대표하는 시장이다. 꽃분이네가 있는 국제시장과, 야시장이 활성화된 깡통시장 등 손에 꼽히는 부산의 명물시장들 중 하나다. 그런데도 막상 시장에 다다르면 어디로 가야 할지 막막하다. 관광지로 유명해져 안내도가 있지만 고개를 갸우뚱거리게 만든다. 그 이유는 아마 뒤죽박죽? 아니다, 중구난방? 글쎄 어떤 단어가 어울릴지 모르지만 혼잡한 느낌은 사라지지 않는다.

영도대교를 지나와도 되고, 자갈치역이나 남포역에 내려도 된다. 어디서나 자갈치로 통한다. 그만큼 범위가 넓어 어디서 시작해야 할지 모르는 게 일반적이다. 가장 이상적인 출발점이라면 남포동 먹자골목 건너편이 되리라 본다. 횡단보도 앞. 어수선함 속에 초록색 불빛이 들어온다. 길을 건너는 여러 사람들 틈에 나는 여행객인 척 몸을 숨겨본다.

"천 원만 주세요."

누군가 나에게 두 손을 내밀었다. 코끝에 전해지는 생선 비린내와 귀를 시원하게 해주는 자갈치 아지매의 목소리. 그들 틈에서 두 손을 내미는 사람들이 제법 있다. 언제부터 있었을까? 할아버지뻘 되는 사람들의 표정을 보니 쉽게 지나치기 어렵다. 지갑에서 한 장 두 장 꺼내면 고개를 여러 번 숙이며 고맙다고 하신다. 어르신에게 인사를 받으니 마음 한 구석이 괜히 불편해졌다. 이들은 자갈치에 관광객들이 늘어나 모인 게 아니다. 아주 오래 전부터 있었던 사람들이다. 자갈치시장의 매출이 줄었다는 소리가 들릴 때면 더욱 자주 보인다. 그들 뒤로는 자갈치 아지매가 버티고 있다. 수십 년 동안 이 거리를 지킨 아지매들. 목소리에서 절박함이 느껴질 때면 하루 장사가 어땠는지 짐작된다.

"○○만 원, 한 접시 하고 가이소. 삼촌 이리 오이소. 자리 있어예."

컨테이너 박스에도, 좌판에도 자갈치시장 억척 아지매들의 삶이 묻어 있다

　사람 정말 많다. 현대식으로 준공된 자갈치시장 건물과 맞은편의 자갈치공판장. 이곳에선 아지매들의 걸쭉한 목소리가 끊이질 않는다. 가끔 삼촌들이 나서서 목소리를 높여보지만 귀에 들어오지 않는다. 구수한 사투리를 찰지게 내는 아지매들이야말로 이곳의 진정한 명물이겠다.

　대형 회 센터가 들어서며 상인들의 마찰도 빈번했었다. 지금은 자리를 잡았지만 그녀들의 기싸움은 여전히 우리를 긴장케 만든다. 회센터 1층. 출구를 제외하곤 모든 게 해산물로 뒤덮여 있다. 기웃거리는 사람들의 지갑을 열기 위해 정성을 쏟아 붓는다. 하나 더 얹어 무엇을 주겠다는 말에 혹하는 사람들도 있다. 손님들이 회를 먹고 갈 거라면 아지매들은 2층으로 바로 안내한다. 그들과 연계된 식당들이 마중 나와 있다. 마음이 썩 내키지 않아도 일사천리로 진행된 분위기에 못 이기는 척 발걸음을 옮겨 본다.

나는 공판장 거리는 잊지 않고 카메라에 담는다. 생선들이 얼음 쏟아지듯 떨어진다. 그 광경을 놓치지 않으려고 한참이나 쳐다보며 서 있다. 그럴 때면 가끔 빵빵거리는 차량들에 짜증도 난다. 무엇이 불만인지 모르겠지만 서로 경적을 울리다 차에서 내린다. 다 같은 자갈치 상인이래도 자신에게 할당된 구역이 있다. 그 영역을 침범하거나 손님을 빼앗아 가면 곧바로 언성이 높아진다.

공판장에서 생선을 구입할 것이라면 반드시 말을 해야 한다. 기다리는 사람도 많고, 구경하는 사람도 많다. 물론 아지매들은 눈치가 101단이라 손님을 놓치지 않는다. 순서가 중요하다면 망설이지 말고 이것저것 손으로 가리켜야 한다.

그들 뒤로 또 다른 무리의 아지매를 만나게 된다. 분명 좋은 일이 있었나 보다. 그녀들은 콧노래를 흥얼거리며 박스에 생선을 담고 있

바다 내음 물씬 풍기는 자갈치 공판장 모습

다. 오늘은 오징어다. 그물에서 막 건져 올린 오징어들은 침대라도 찾은 듯 편하게 누워 있다. 아지매가 정해진 숫자로 오징어를 박스에 담으면 그 위로 얼음이 쏟아진다. 얼음 담당 아지매와 트럭 상차 담당 아지매는 수다를 떨며 작업을 한다. 한 조를 이룬 세 아지매의 능숙한 작업 솜씨는 공판장에 앉은 할머니의 칼질만큼이나 훌륭하다. 식사 시간이 한참이나 지났는데도 그녀들의 손은 멈출 줄 모른다.

새벽에 출항한 배들은 이제야 한숨 돌린다. 어디서 잡아온 걸까? 순서대로 정박된 배들은 자신의 차례를 기다린다. 선장이 발걸음을 재촉했는지 고기잡이배들은 가쁜 숨을 몰아쉬고 있다. 이번엔 아저씨들이다. 누군가의 지휘 아래 흔들리는 배 위로 컨베이어 벨트가 설치된다. 전원이 켜지자 준비된 트럭들이 엉덩이를 들이민다. 트럭 위까지 올라간 컨베이어 벨트. 그 위로 누런 박스에 담긴 생선들이 옮겨 가고 있다. 거친 모터 소리와 함께 이동되는 생선들. 단순해 보여도 순서가 있다. 누구는 얼음, 누구는 상차, 누구는 수다. 가지런히 적재된 박스를 보니 담배가 생각나나 보다. 아저씨들은 오늘 양이 많다며 서로 입을 모은다.

"아따 그 자슥들, 잘 처먹는다. 야들아, 너거들 몇 학년이고?"

달구가 씨름부 학생들을 보며 말했다. 초등학교 5학년이던 이만기. 씨름은 살이 아니라 기술이라고 말하는 달구가 참 얄밉다. 학생들은 똥 씹은 표정을 지으며 자리를 뜬다.

달구는 자갈치시장 안에서도 꼼장어 거리를 좋아하나 보다. 공판장 뒤로 끝이 보이지 않게 늘어선 점포들. 그들 사이를 비집고 들어가면 구수한 냄새가 발걸음을 멈추게 만든다. 극중 재미를 위해 천하장사 이만기가 등장한다. 앳된 얼굴에 두툼한 볼살의 꼬마는 허겁지겁 무엇인가를 집어 먹고 있다. 달구와 그들이 맛좋게 먹고 있는 건 꼼장어구이. 석쇠로 먹음직스럽게 구워진 건 예나 지금이나 크게

노릇노릇 잘 구워진 고등어구이가 손님들의 발걸음을 붙잡는다

다르지 않나 보다.

미리 말해두지만 혼자 먹기엔 양이 많다. 남은 양념에 볶음밥까지 먹으려면 두 명이서 가야 적당하리라 생각한다. 꼼장어를 기다리며 허기진 배를 전복과 낙지로 달래본다. 두툼하게 살이 오른 꼼장어를 보고 있으니 이른 시간임에도 가게 안은 사람들로 북적인다. 꼼장어는 역시 연탄불이라며 술을 절로 넘기는 아저씨들과 아가씨들. 꼼장어는 남녀노소 가리지 않는다. 자갈치시장에서 먹었던 그 맛이 그리웠다며 아는 체하는 손님도 많다.

만약 영도대교에서 곧바로 자갈치시장으로 건너왔다면 생각해볼 게 있다. 우리가 지나쳐 온 곳은 자갈치시장의 끄트머리에 놓인 건어물시장이다. 허름한 점포들과 말려진 쥐포와 미역. 멸치 똥을 골라내는 아지매들. 그녀들은 회 한 접시 하고 가라는 아지매들과 느낌이 다르다. 빠르게 이동 중인 내게 말을 걸기 머쓱했나 보다. 입을 뗄려는 찰나에 나는 그냥 지나쳐 버린다. 이곳에 오면 나도 모르게 걸음이 빨라진다. 누가 나를 뒤쫓아 오는 것도 아닌데 말이다. 그저 앞만 보고 달리고 싶은 충동적인 마음이 생긴다. 곰곰이 생각해보니 친구들 때문이었다.

"꽁지가 영화표 내기다."
부산고등학교 정문에서 중호는 가방을 동수에게 던지며 냅다 뛰

기 시작한다. 길을 잘못 들어섰는지 자갈치 건어물시장이 나온다. 그들이 곧장 길을 따라 내려오면 부산역이 나오는데 말이다. 일부러 말린 쥐포 냄새가 맡고 싶어서였는지는 몰라도 한참이나 돌아다닌다. 동수의 손에 잡힐 듯 잡히지 않는 중호가 얄밉기만 하다.

나는 자갈치시장 어딘가에 발을 들여 놓으면 쉽게 멈추지 못한다. 공판장에서 시작해서 꼼장어 거리까지 가면 뒤를 돌아 다시 건어물시장까지 오곤 한다. 그게 아니면 충무동 새벽시장을 지나 공동어시장까지 가본다. 어릴 때는 이곳이 싫었다. 한 손을 엄마가 잡으면 다른 한 손은 내 코에 가져다 댔다. 비린내. 생선에서 나는 그 냄새가 정말 싫었다.

갈 때 마다 코에 손을 갖다 대던 나는 이제 없다. 생선가스도 싫다

각종 선박 용품과 다양한 생선들이 제각기 주인을 기다리는 자갈치시장의 모습

며 투정을 부리던 게 엊그제 같다. 어느 순간부터인지는 모르겠다. 지금은 자갈치시장에서 풍기는 비린내가 좋다. 아지매들 구경하랴 막 잡아 올린 생선들을 사진기에 담으랴 나도 정신이 없다. 적게는 30년 전부터, 많게는 50년 전부터 이 거리에 나온 아지매들. 그녀들이 정성스럽게 손질해서 건네주는 생선을 받아들면 왠지 모르게 기분이 좋아진다.

 말말말

"우리 영화가 막연히 슬픈 영화는 아니다. 재미있는 부분도 많고, 감동적인 부분도 많다."

배우 김윤진 〈SBS 뉴스〉 (2014. 11. 24)

서울대 와… 와… 진짜 개XX네

― 리어카에 한 가득 올려진 생선 박스를 옮기는 덕수.

덕수 묵고 죽을 돈도 없다 임마.

달구 뭔 소리고?

덕수 어무이는 나이 먹어가는데 잦팔아가지고 저래 고생하제. 그라고 우리
승교 그 놈아는 또 누구 닮아가 공부를 그렇게 잘하노. 씨. 개새끼.

달구 공부 잘하면 개새끼가?

덕수 그 미친새끼가, 이번에 서울대 합격해뿠단다.

달구 서울대? 와, 와, 진짜 개새끼네. 그게 인간이가.

서울대, 대한민국 성공의 상징. 요즘은 아직도 서울대냐며 고깝게
보는 사람들이 있다. 하지만 서울대학교 입학은 엘리트 자격증이란
말에 반론 드는 사람 아무도 없다. 취업난에 허덕여도 서울대 졸업
장은 여전히 자랑거리다. 대한민국에서 힘들게 자리 잡은 부모님들
의 염원은 단 하나다. 내 자식들 공부 열심히 시켜서 잘 먹고 잘 살

게 하는 일. 없는 형편에 비싼 학원비나 과외비를 내면서도 공부 잘 되는 학교와 동네를 찾아다닌다.

덕수의 삶을 보면 그들을 나무라는 대신 이해가 조금 갈 것이다. 너도나도 못 먹고, 못 살았다. 피란 이후 부산에 정착한 사람들은 매일같이 부둣가로 나갔다. 미군들이 입항할 때면 부산항에서부터 저 멀리 있는 공동어시장까지 줄 서서 기다렸다고 한다. 어깨가 휘어져라 끙끙거리며 짐을 옮겨도 가족들 먹여 살리기 힘들었다. 그러니 배워야 먹고 산다는 인식은 자연스레 자리 잡아 나갔다. 못 먹고, 못 살았어도 대학교 가보려는 사람들. 보수동에서 찢어진 책을 구입해도 행복했던 사람들. 그들은 공부 잘하면 성공하고 뭐라도 먹고 산다며 말했다. 완전히 틀린 말은 아니기에 몇 십 년이 지나도 큰 변화는 없었다.

영화는 덕수의 고달픔을 극대화하기 위해 공동어시장을 선택했다. 아무리 열심히 일해도 나아지지 않는 삶. 공부를 하고 싶어도 돈이 없어서 할 수 없는 현실. 베이비붐 세대의 넘쳐나는 형제, 자매들. 생선 박스를 정리하는 덕수의 축 처진 어깨가 안쓰럽기만 하다.

덕수 이외에도 이곳을 잘 표현해준 사람들이 있다. 영화 〈변호인〉에서 우석은 절박한 상황설정을 위해 공동어시장을 찾았다. 지난 달 식대라도 달라는 아주머니의 말에 몰래 도망가는 우석. 그는 뛰고 또 뛰었다. 사법고시에 합격하려는 염원이 관객들의 마음에 스며드는 장면이기도 하다. 우석은 짧은 시간 안에 대략 8km 정도 뛰었다. 범일동에서 공동어시장까지 순간적인 감정으로 달리기엔 먼 거리였다. 10km 마라톤을 갑자기 하니 속이 울렁거렸는지 헛구역질을 해댄다.

우석은 이곳에서 절박함을 느꼈지만 도루코는 절망감을 느꼈다. 영화 〈친구〉에서 도루코는 어시장에서 동수에게 죽임을 당한다. 밑에 애들 시켜 매축지마을에서 잠자던 동수를 위협한 죄다. 준석이 인턴사원 교육을 하러 자리를 비운 뒤 동수가 들이닥쳤다. 공동어시장 분위기가 상당히 살벌해진 순간이다.

"찌르고 나면 90도로 날을 돌려준다."

준석이 교육하는 장면과 동수가 도루코를 죽이는 장면이 오버랩된다. 준석이 말하길 누구든지 몸속에 칼이 들어오면 그 자리에 주저앉게 된다고 한다. 그 순간 화물용 엘리베이터 문이 열린다. 동수 패거리의 발걸음에 살기가 가득하다. 영화는 도루코와 동수의 눈을 번갈아가며 보여준다. 복수심에 가득 찬 동수는 비명소리가 들려도 망설이지 않는다. 그는 칼끝을 더 강하게 밀어 넣으며 도루코를 쳐다보며 말한다.

"준석이는 어데 있노?"

1963년 위판장이 들어선 이래로 현재는 연간 수천억원대가 거래되고 있다. 국내의 어업유통 활성화를 위해 대형 어시장이 필요한 상황. 자갈치에 몰려든 노점상을 정리하면서까지 추진된 결과다. 세계 최대의 어시장이라 불리는 일본의 츠키지를 따라가려 했을까? 현대화 작업에도 힘을 기울이기 시작했다.

내부 분위기는 무섭기까지 하다. 건달들 생각에 무서운 게 아니라 기절한 물고기들 때문에 무섭다. 모래를 땅에 뿌리듯 쏟아져 나오는 고등어들. 이름 모를 생선들의 애처로운 눈빛에 덕수보다 도루코가 더욱 생각난다. 위판장은 흔히 새벽 경매에 열을 올린다. 나는 새벽 4시부터 몰려드는 차량에 적지 않게 놀랐었다. 현대화 작업이 진행 중이래도 외관에서 풍겨지는 대형 냉장고 느낌에 잔뜩 주눅이 들었던 적도 있었다.

우연한 기회에 방문한 어시장의 새벽. 거래되는 생선들이 100종이 넘는다고 들었는데 고등어만 눈에 보였다. 고등어의 제철은 역시 겨울인가. 하루 15만 상자가 출하된다는데 막힘없이 빠져버린다. 생선 크기를 자동으로 선별할 수 있다는 기계도 있다. 어업인들은 그 주위에 모여 이야기꽃을 피운다. 오늘 할 일의 반이 지났는지 어깨를 한 번 펴고서 술 한잔 하고 가자는 소리도 들린다.

완벽하게 분류되진 않아도 큼지막한 상어가 고등어와 섞이는 일은 없다. 냉장보관을 위해 얼음 탱크가 가동된다. 그곳에서 커피 내리듯 얼음이 무지막지하게 쏟아져 나온다. 뾰족한 얼음에 맞았는지

생선들로 지천인 부산공동어시장의 새벽 풍경

팔딱이는 고등어도 있다. 야간에 출근한 아주머니, 새벽에 차를 몰고 온 유통 상인, 고기잡이배를 탄 선원, 경매사들. 이들이 모이면 어디선가 종소리가 들려온다.

검은 바탕에 흰색 번호가 새겨진 모자를 쓴 사람들. 유통업자들의 표정을 보면 공동어시장의 분위기를 알 수 있다. 점찍어둔 수확

물을 구매하기 위해 손을 여러 번 펼치는 사람도 있고, 오늘은 마음에 드는 게 없는지 고개만 숙인 사람이 있다. 그들 틈에 대장으로 추대 받는 사람도 보인다. 그의 모자엔 금색실로 경매사라 적혀 있다. 수신호에 맞춰 손을 올리는 사람들. 누가 최고가를 부르는지 유심히 지켜봐야 한다. 어업인들의 표정이 밝은 날은 경매 진행이 잘 된 날이다. 이른 새벽부터 앙칼진 경매사의 목소리를 들으니 나는 정신이 번쩍 들었다.

분명 한국사람인데 외계어를 쓰고 있다. 무슨 말을 하는지 한참을 옆에 서 있어도 이해되지 않는다. 손가락 몇 개를 펼쳐 들었다 내리면 반대편에서도 수신호로 화답을 한다. 번호가 적인 모자를 쓴 사람들은 경매참가자들이다. 오늘 좋은 물건이 나왔는지 다들 경매사의 손짓에 민감하게 반응한다. 경매사 옆에 있는 보조 경매사는 낙찰된 사람의 번호를 적기에 바쁘다. 벌써 두 시간이 넘었는데 언제 끝날지 모르겠다. 이 구역이 끝나면 다른 쪽에서 다시 목소리가 들려온다. 경매사도 많지만 물건을 사려는 사람도 많다. 아침 여덟 시가 되어도 배고픈 줄 모르고 손가락을 치켜드는 사람들. 우리 식탁에 올라오는 생선들은 그들의 손을 거쳐서 오는 것이다. 경매사들은 생각보다 물건이 많이 나가 기분이 좋은지 차가운 모닝커피에도 웃음꽃이 피었다.

공동어시장이 새벽에만 열릴 줄 알았던 나의 착각과 달리 밤 10시

새벽을 맞아 막바지 작업에 힘을 쏟는 어시장 노동자들

출근길에 오른 사람들도 있다. 그들은 어시장의 어머님들. 새벽 경매를 위해 잡아 올려진 고등어를 분류해야 한다. 그들 나름의 규칙도 있고, 가장 효율적인 방법이 존재한다. 쉬는 시간을 제외하면 열 시간 넘게 생선을 만진다. 삶의 흔적이 느껴지는 고무장갑. 빨간 물이 빠져 누렇게 변할수록 고등어를 잡기 수월하다고 한다.

어획량의 70%가 고등어이기에 자식만큼 고등어를 잘 안다고 한다. 탱탱하게 살이 오른 고등어. 숨을 쉬는지 아닌지 판단할 겨를도 없이 정해진 물량을 채우기 위해 박스에 옮겨 담는다. 영하의 날씨에도 어시장은 아침을 맞이해야 한다. 부산이 아무리 따뜻해도 새벽 바닷물은 예외다. 꽁꽁 얼어버린 손을 꼭 쥐고서 쉬고 있는 노동자들. 따뜻한 수돗물을 잠시 틀어 장화에 뿌리며 아침을 기다린다.

어시장에 아침이 밝으면 하루도 빠지지 않고 찾아오는 손님이 있다. 그들은 부산갈매기. 떼를 지어 어시장을 들락날락거리니 무섭기도 하다. 반 토막난 꽁치를 물고 어디론가 가기 바쁘다. 고등어는 무거워 들 수가 없었는지 입에 물었다 다시 내려놓는다. 친구들도 데려오며 진수성찬을 반기기 시작한다. 기쁜 건지 슬픈 건지 몰라도 울어대는 갈매기가 애처롭기만 하다. 이른 시간 먹이를 찾으러 어시장을 방문하는 건 사람이나 갈매기나 차이가 없나보다. 어시장 사람들은 갈매기를 내쫓지 않는다. 배고픈 걸 알기에 배고픈 사람에게 밥을 줄 마음이 생기는 거란다.

판매업자들은 사람들이 건강한 생선을 많이 먹어줬으면 좋겠다는 소박한 소망만을 말한다. 갈매기도 그들의 마음을 잘 안다. 적당히 먹었으면 욕심 부리지 않고 어시장 앞 바다에 앉아있다. 그렇게 갈매기들이 떠나면 사람도 떠나고, 가득 차 있던 주차장에도 빈 공간이 생긴다. 나는 새벽을 맞이하는 사람들의 삶을 보다 자극을 받았다. 정말 열심히 살아온 부모님들. 그 무거운 직책을 내려놓지 않고

아침이 밝으면서 몰려드는 갈매기떼. 어시장은 살아 있다

끝까지 버티셨다. 공동어시장을 지날 때면 나는 덕수와 준석보다 부
모님이 먼저 생각난다.

 말말말

"달구의 이름에서 알 수 있듯이 당연히 오달수를 염두에 두고 만든 캐릭터다."

감독 윤제균 〈와이드커버리지〉 (2014. 10. 24)

〈국제시장〉, 하나 빠뜨렸다

신발공장. 윤제균 감독의 〈국제시장〉은 이것을 빠뜨렸다. 아버지 덕수와 어머니 영자. 그들의 고된 삶 속에서 이 신발공장이 없다니 나는 의아했다. 〈국제시장〉은 1·4후퇴를 시작으로 이산가족 상봉까지 적지 않은 사건을 시간 순으로 나열해 놓았다. '대한민국 발전사 두 시간 만에 끝장내기'라고 해도 과언이 아니다. 그런데 신발 만지는 사람 하나 등장하지 않는다. 물론 신발과 부산의 인연을 단순히 A4 용지 한 장에 정리할 수는 없다. 일제강점기부터 이어져온 부산의 역사이자 한국인의 숨을 갑자기 압축시켜 놓기란 어려운 일이다.

공장이 밀집된 지역은 지금의 서면이다. 관할구인 부산진구에만 대형 신발기업 여섯 군데가 있었다. 삼화고무, 보생고무, 동양고무, 진양고무, 태화고무, 대양고무. 이 외에도 화학제품을 생산하거나 설탕을 만들던 회사까지 생각하면 지금의 한국형 실리콘벨리와 비교해도 뒤지지 않는다. 전후 삼백산업에 제대로 탄력을 받아 저금리에다 석유까지 저렴하게 들여올 수 있어 산업특수를 제대로 누렸다.

1934년 일본인이 창업한 삼화고무가 대장 노릇을 했다. 중일전쟁 당시 군용품을 엄청나게 생산해 내며 크고 작은 주변 고무공장을 모두 흡수해버렸다. 삼화고무는 면직을 생산하던 조선방직공장과 더불어 부산을 대표했었다. 더욱이 전쟁이 끝나고 주인이 바뀌어도 열기는 가라앉지 않았다. 1만 명이 넘는 블루칼라들의 출근. 적지 않은 급여라 너도 나도 원했던 곳이다. 경남 여기저기서 희망을 찾아 몰려든 사람들. 신발공장들은 그들을 외면하지 않았다.

공원들은 대부분 나이 어린 학생들과 미혼여성들이었다. 그 다음에 가정주부와 몇몇 남자들. 3대 7이란 성비가 유지될 만큼 여공들의 사회진출도 활발했었다. 1980년대 후반, 시골에서 올라온 여공들은 월급 10여만원을 받았다. 가정형편이 어려워 어릴 적부터 회사 부설학교에서 일했던 학생들이다. 지지리도 공부를 못해 간 게 아니란 얘기다. 그녀들은 자신의 삶을 포기하고서 동생들과 오빠들을 위해 일했다. 나는 학교선생님의 입에서 공부 못하면 공돌이 공순이 된다는 말을 들으며 자랐다. 책상 앞에만 앉아있던 샌님들이 이해할 수 있는 내용은 확실히 아니다.

그래도 너무 순조로웠을까? 범표, 말표, 기차표 등 자체 브랜드를 생산하던 회사들은 서서히 나이키나 리복을 만들기 시작했다. 광고에선 국내 브랜드가 점점 사라져갔고, OEM(주문자 부착 상표) 생산 시스템이 아니면 더 이상 임금을 지불하기 어려워졌다. 할 만큼 했다는 것인지 1990년대 초반, 미국인들은 동남아시아로 떠났다. 작업복을 입은 채 통근버스에서 내리던 수만 명의 사람들도 함께 떠났다. 남겨진 텅 빈 공장. 이젠 그것들마저도 없다.

부산에서 나고 자란 윤제균 감독이 신발공장 얘기를 담지 않은 게 궁금하다. 꽃분이네만 지키려 했던 고집불통 덕수와 어울리지 않아서일지도 모른다. 그렇다면 끝순이를 배경으로 집어넣을 수도 있었다. 분위기상 끝순이에게 딱 들어맞는다. 결혼을 하고 싶어도 돈이 없어 투정을 부리는 끝순이. 작은오빠 결혼할 때는 모든 걸 다해준 게 서러운 나머지 눈물만 훔친다.

끝순이가 공장에 다니며 연애하는 장면. 아마 1970년대 산업화 분위기에 몸을 실었던 사람이라면 충분히 공감대를 형성할 수 있겠다. 특히 작업반장들이 남자였기에 여공들과의 연애가 심심찮게 있었다고 한다. 작업반장들은 작업장 및 시간분배를 할 수 있었던 특권을 가진 인물들이다. 편의를 봐주어 불만을 품은 여공들도 많았다고 한다. 그러한 부산의 삶. 여전히 잊힐 수 없는 그들의 이야기가 끝순이를 통해서 재조명됐으면 하는 생각을 해보았다.

PART 2

용두산관

40계단 → 0.15km → 동광동 인쇄골목 → 0.15km → 서라벌호텔 → 0.3km
→ 천주교 중앙성당 → 0.15km → 용두산공원 → 0.6km → 보수동 책방골목
→ 0.3km → 국제시장 꽃분이네 (총 3.3km)

기억? 이런 게 기억이다

– 덕수는 손녀 서연의 손을 잡고 길을 걷는다.

서연 할배, 화내지 마세요. 할배가 화내면 무서워요.

덕수 알았다.

서연 할배, 아까 책에서 봤는데 기억이 뭐예요?

덕수 (물동이를 든 소녀상을 가리키며) 기억? 이런 게 기억이다. 옛날 거 막 생각나고, 오래되도 잊혀지지도 않고.

서연 그럼 니은(ㄴ) 은요?

덕수 가자.

서연 할배, 화내지 마세요. 할배가 화내면 무서워요. 근데 할배는 어릴 때부터 화 마이 냈어요?

덕수 아니.

서연 그러면 어릴 때는 어땠는데요?

덕수 어릴 때?

– 길 가는 행인과 덕수의 어깨가 부딪힌다. 그리고 막순이와 헤어지기 전으로 돌아간다.

"와 그래 이기적이신데예?"

덕수를 향한 목소리에 가시가 있다. 꽃분이네 옆 가게에 물품을 옮기던 유통 상인. 차를 빼라는 덕수의 말에 한 번은 받아 준다. 머리가 희끗한 노인을 보고 쏘아댈 수는 없었는지 씁쓸한 미소만을 남긴 채 빨리 마무리 지으려 한다. 누가 오든 간에 시원하게 훈계하는 덕수의 눈빛에 기분이 상했는지 그는 한 소리 해버렸다.

덕수는 확실히 이기적이다. 비록 캐릭터라도 영화를 끝까지 본 사람이라면 자연스럽게 이해된다. 고집불통 할배. 나이가 차서 자신감 넘치는 늙은이. 이런 시선도 함흥부두 탈출 신만 지나면 사라진다. 가족을 위해서라면 뭐든지 했기에 이기적이어도 용서가 됐다.

자식들이 외면해도 반겨주는 손녀가 있어 기분이 좋다. 손녀 딸 손을 잡고 시내를 한 바퀴 도니 스트레스가 풀리나 보다. 없던 얘기도 지어 내려는 그의 태도에 서연은 궁금증이 생긴다. 기억이 뭘까? 이빨 빠진 꼬마가 묻는 질문치고 수준이 높다. 나는 어린이들이야 말로 가장 심각한 고민을 한다는 어느 학자의 말이 생각났다.

덕수는 사전적 정의를 말하지 않았다. 길 가다 보인 물동이를 든 소녀상을 보고 손으로 가리킨다. 그에게 기억은 그런 것이다. 길을 걷다 흔히 볼 수 있던 어린 꼬마들. 제대로 씻지 않아 얼굴이 시커먼 아이들. 힘만 주면 부러질 것 같은 손목인데 자신보다 무거운 물동이를 어깨에 메고 간다.

사람이 많은 광복동에서 지나치는 사람과 어깨가 부딪히자 기억이 되살아났다. 인생의 책갈피를 해두어 지울 수 없는 그 순간. 그는 함흥부두에서 막순이를 잃어버린 시절로 돌아갔다. 미군의 호의로 메러디스 빅토리아호에 탈 수 있게 된 피란민. 너도 나도 살아야 한다며 배에 오르는 사람들 틈에 덕수는 막순이를 아래로 떨어뜨린다. 등에 매달려 있던 막순이와의 이별이 그에겐 여전히 죄책감으로 남아있다.

덕수가 가리킨 소녀상이 있는 장소는 복원된 40계단 앞이다. 정확히 말하면 30m 이내로 살짝 위치가 이동된 지점이다. 덕수와 손녀가 기억을 운운하며 지나치는 장소는 소라계단 앞. 40계단과 한 블록 차이지만 오해의 소지가 있어 말하고 싶었다. 소라계단은 테마거리 조성과 함께 만들어졌고, 바닷길을 연상케 한다.

40계단, 고달픔의 장소. 중앙동에 문화거리가 생긴 지 벌써 10년이 넘었다. 계단 앞에서 아코디언 켜는 악사, 젖 먹이는 아낙네, 뻥튀기 장수. 전차의 흔적. 아쉽게도 나는 그들의 고달픔을 알지 못한다. 이곳의 기억을 공유하는 사람은 지금 몇 사람이나 남아있을까? 40계단을 검색하니 맛집이 연관되기 시작했다. 앞으로 이 계단을 어떻게 받아들여야 할지 모르겠다.

계단 주위 카페에 한참이나 앉아 있어도 특별한 감정이 생기지 않았다. 한두 계단 정도는 오차가 있을 텐데 정확히 40개라니 이질적인 느낌도 생긴다. 나는 비싼 돈을 주고 전철 타 본 적도 없고, 계단

40계단 옆의 소라계단 앞 풍경. 물동이를 든 아이들과 전찻길을 재현해 놓았다

위치가 약간 이동되어 복원된 40계단

에 앉아 구호물자를 기다려 본 적도 없다. 또한 동광동 인쇄소에 상권이 옮겨 갔을 때도 복사 한 번 하러 간 적 없었다.

그렇다면 덕수가 바라본 시선을 따라갈 방법이 전혀 없을까? 비슷하게라도 쫓아가고 싶다면 고인이 된 원로 가수 박재홍의 〈경상도 아가씨〉를 듣는 방법이 있다. 전자음악에 익숙해진 사람이라면 신선한 충격이 아닐 수 없다. 피란시절 탄생한 노래들을 들어보면 슬프기도 하지만 경쾌한 느낌도 숨어있다.

　　"사십계단 층층대에 앉아 우는 나그네 울지 말고 속시원히 말좀 하세요. 피난살이 처량스레 동정하는 판자집에 경상도 아가씨가 애처로워 묻는구나……"

언제 돌아갈지 모르는 이북 고향. 경상도 아가씨가 궁금했는지 40계단에 앉아 울먹이는 사람들에게 물어본다. 언제 끝날지 모르는 전쟁에 한숨만 쉴 수는 없었나 보다. 음악인들은 피란길에 떠오른 영감을 음악으로 표현해 즐거움을 주려했다. 슬프지만 슬프게 부를 수 없는 노래들. 이 노래를 듣고 나면 덕수와 가벼운 이야기라도 나눌 수 있지 않을까 싶다.

내가 이 거리를 처음 알게 된 건 영화배우 안성기 때문이었다. 무서운 살인마. 형사들을 따돌리며 거침없이 칼을 휘두르던 남자는 영화 〈인정사정 볼 것 없다〉(1999)에 등장한다. 살인마를 쫓는 형사들은 비오는 날 미끄러운 계단을 열심히 올라간다. 어둑해진 밤, 겨우 실마리를 잡은 우 형사. 그는 살인마와 40계단 주변에서 결투를 벌인다. 슬프지만 계단 앞에서 신나게 얻어맞는 장면만 나온다.

40계단의 분위기라면 이 영화가 더 적합할지도 모르겠다. 개봉 당시 서울에서 66만 명의 관객을 동원했다. 대박이라는 꼬리표에 해외로도 뻗어 나갔던 영화. 지금 개봉했다면 아마 〈국제시장〉과 비슷한 흥행 성적도 기대해 볼 수 있는 작품이었다. 영화 덕분에 부산 사람이라도 이 거리를 다시 찾는 계기가 됐다. 인쇄소만 잔뜩 있던 거리에 사진 찍는 사람들이 부쩍 늘어나 이상하기도 했다. 테마 거리가 조성됐어도 잡음이 끊이질 않았다. 지나가기 불편하다, 조형물 위치가 애매하다, 언제까지 공사하는 건지 이해 못 하겠다 등 좋은 분

40계단에서 촬영된 영화 〈인정사정 볼 것 없다〉의 포토 존. 아래는 어려웠던 시절을 떠올리게 하는 조각상들

위기로 시작하진 않았다. 자리를 잡은 뒤 사람들의 쉼터로 여겨지니 내겐 이질적인 느낌도 없지 않아 있다.

덕수는 계단에 얽힌 어떤 추억이 있을까? 영화에는 나오지 않는다. 수입 주류, 과자, 생필품을 팔던 사람이 갑자기 계단을 지나 인쇄소에 갈 일은 없다. 가능성 있는 추측이라면 영자와 영화 관람이다. 남포동 영화관 대신 계단 주변의 허름한 영화관을 찾았을지도 모른다.

내가 아는 소소한 이야기들. 주제넘지만 덕수를 만나면 혼날 각오하고서 말해줘야겠다.

 말말말

"그 세대에 대해 고생 많으셨습니다란 말씀을 드리고 싶었다."

감독 윤제균 〈허핑턴포스트〉 (2014. 12. 23)

전국이 지금 부동산 열풍 아닙니까

우석 전관예우요? 하이고, 저는 그런 거 잘 모릅니다. 이제 저도 부산
내려와가 일 좀 해볼라고예. 행님요, 저한테 죽이는 아이템이 하나
있거든예.

상필 뭔데?

우석 진짜 죽입니다. 근데 선배님, 그랄라면 요래 쪼매만한 사무실이라
도 하나 있어야 하는데 내 땡거지다 아입니까. 돈 좀 꾸 주이소. 부
동산 등기 있지요? 그 등기서류들이 하이고, 이 마진율이 죽입니
다. 변호사들 폼잡고 법원 들락거릴 동안에 그 사법서사들 도장 몇
번 찍어주고 그 돈을 그냥 깔끄루로 쓸어 담는다니까요.

상필 거 변호사가 해도 되나?

우석 그기 포인트입니다. 전국이 지금 부동산 열풍 아닙니까. 일이 막 미
어터지가 사법서사만으론 일이 감당이 안 댕께, 얼마 전에 변호사
느그도 같이 함 해봐라. 허용됐다 아입니까.

1970년대 말, 대한민국에서 부동산 열풍이 일었다. 열심히 일해서 내 집 하나 장만하자는 분위기가 당시의 삶을 잘 말해주고 있다. 부동산 개발에 박차를 가한 정부에 힘입어 너도나도 등기 수수료를 내려했다. 그렇다보니 책상에 넘쳐나는 등기서류들을 사법서사들이 모두 처리하기 어려웠다. 변호사의 투입을 아니꼽게만 볼 문제는 아닌 셈이다.

사법서사는 현재 법무사를 지칭한다. 변호사가 되기 위해 10년 이상씩 매달린 사람들. 시험에 운이 없었는지 포기하는 사람들도 부지기수다. 그들은 머리에 쌓인 법률지식을 토대로 법무사로 새로운 인생의 서막을 연다. 법무사 시험도 만만치 않다. 더군다나 로스쿨이 생겨나 한 다리 건너면 변호사를 만나볼 수 있는 시대다. 법조인의 밥그릇 싸움은 더욱 치열해졌다.

우석은 밥그릇 싸움이 상대적으로 치열하지 않은 이점을 활용했다. 인쇄소에서 부동산 등기 전문 변호사라며 명함을 파는 우석. 학벌에 밀려 판사직을 때려 치고 선택한 생업이었다. 안면 트지 않으면 작은 사건 하나 맡지 못했던 설움이 인권변호사라는 선물을 안겨준 셈이다.

"변호사 높은 줄 알았더만 별 거 아이네."

나이트클럽 웨이터가 말했다. 동네 슈퍼에서 산 빵을 먹으며 손님들 기다리는 우석은 명함을 돌렸다. 자존심보다는 돈이 먼저였

동광동 인쇄골목 입구. 인적은 물론 차량조차 뜸하다

다. 사법서사들 앞에 줄 선 사람들 뒤로 명함을 돌리기도 한다. 그들이 나무라도 법을 어긴 게 아니니까 문제 될 게 없다는 입장이다. 정작 꼬리를 물고 늘어진 건 사법연수원 출신 변호사들이다. 너 때문에 변호사 위상이 실추되었으니 당장 그만두라며 시위한다. 법 좋아하니 법대로 하라는 우석. 지금은 우석 같은 변호사가 많아졌다. 2만명의 변호사가 44만 명의 공인중개사의 생업을 위협하고 있다.

　동광동 인쇄골목. 우석이 명함을 판 곳은 중앙동 어느 인쇄소다. 중앙동 바로 뒤에 동광동이 있어 어디가 어딘지 쉽게 구분되지 않는다. '이곳이 인쇄골목입니다'라고 알리는 표지판도 생겨났다. 중요한건 어디로 들어가든 인쇄라는 글자를 만날 수 있다는 사실이다. 상

인쇄골목의 허름한 건물들. 시대에 뒤진 업황 때문일까, 세월의 흔적일까?

업지구가 끝나 주택가로 들어서도 인쇄소의 흔적은 멈추지 않는다. 골목길 계단을 따라 만나는 마스타 인쇄소들이 여기저기서 고개를 내밀고 있다.

　셔터를 내린 뒤 올라가지 않는 집도 많다. 임차인이라면 어떻게 임대료를 마련하는지 궁금증도 생긴다. 그나마 영업이 되는 곳은 모터소리가 들린다. 사무실에 있는 프린터, 팩스 등 전자식 기계인데도 불구하고 둔탁한 소리다. 어두운 사무실에서 분주히 움직이는 두세 사람이 있다. 몇 대의 기계 앞에서 종이를 옮겨가며 정해진 일을 하고 있다. 이른 아침, 마르지 않은 잉크냄새가 나는 것을 보니 이제 시작한 모양이다.

벽화그림으로 재탄생한 골목길 모습

　오래된 빌라형 건물이 많다. 두 사람 정도 내려갈 수 있는 계단을 따라 인쇄소들이 밀집해 있다. 사람이 있는지, 회사는 운영되는지 알 수 없다. 지나가다 작은 창문에서 나오는 소리만으로 인기척을 느낄 수 있다. 꾸준하게 일이 없다면 이렇게 작은 인쇄소는 운영하기 어렵다. 구형 인쇄기를 사랑하는 사람이 있는지 느릿느릿한 기계음이 들린다.

　떠나간 사람들 데려오기 위해 화가들을 앞장 세웠다. 전부 칠해진 건 아니지만 도로변 가까운 골목길엔 벽화그림이 그려졌다. 달력 넘어가며 종이가 흩날리는 모습. 갱지를 잔뜩 실어서 옮기는 자전거

이면도로를 따라 인쇄기 돌아가는 기계음이 들린다

탄 청년. 그림 책장에 꽂힌 동화책과 꽃냄새 맡는 어린이들. 잉크냄새 나던 골목은 물감냄새로 번졌다.

채소를 가득 실은 1톤 트럭이 들어오자 나는 흥이 깨졌다. 인쇄라는 글자를 찾다 집 앞에 내놓은 쓰레기가 밟힌다. 담쟁이덩굴에 휩싸인 집도 있고. 판잣집도 보인다. 중앙동 인근이라 산업화가 빨리 진행됐을 텐데 폐가가 몇 채 있다니 놀라울 따름이다. 밤에 오면 누군가 튀어나올 것 같은 그런 집 아래에도 '인쇄사'라는 글자가 적혀 있다. 이 집 주인은 분명 인쇄에 얽힌 추억이 가득할 것이다. 여행객들을 위해서 놓아두었다면 감사의 말을 건네고 싶다.

1960년대 후반부터 자리 잡기 시작한 동광동 인쇄소들. 부산역 인근이라 사람이 많은 건 알겠는데 왜 하필 인쇄였을까? 동광동은 초량왜관 시절 동관이 있던 자리다. 동관동으로 불리다 광복동에 영향을 받아 동광동으로 명명했다. 명칭에서도 인쇄의 흔적은 드러나지 않았다.

부산시청이 광복동에 있을 무렵 주변엔 인쇄소가 들어섰다. 시청, 세관, 부산우체국, 금융기관 등 서류작업이 일인 그 사람들 덕분인지는 모르겠다. 10년쯤 지나 1970년대로 접어들며 인쇄소들이 동광동으로 옮겨간 것이다. 이유는 단순했다. 저렴한 임대료. 영업주들 말을 들어보면 동광동 임대료가 저렴했다고 한다. 길 건너면 시청이기에 굳이 주변에서 올라간 임대료를 지불할 이유가 없었다. 200여 개의 인쇄소가 밀집했을 정도로 규모가 컸다는데 믿기지 않는다. 출판사만 해도 100여 곳이나 있었다는데 다들 어디로 숨었을까? 지금 이 거리에 남은 오래된 인쇄소들은 이제 갈 곳이 없다.

어릴 적 들었던 얘기로는 사금융이 기억난다. 부산세관이 있어 통관업무가 어려웠을까? 중앙동을 걷다보면 땅에 떨어진 대출명함을 흔히 발견할 수 있었다. 세관과 사채업자 덕분인지 몰라도 무역회사와 은행이 중앙역 주위로 들어서며 금융단지의 면모를 갖추었다. 벌써 20년이 지났다. 떠나간 인쇄소만큼은 아니지만 금융회사의 흔적도 줄어들었다. 그들이 떠나간 자리엔 맛집, 카페, 여행사가 들어서며 어색해 하고 있다.

나는 몇 년 전 절판된 책을 사기 위해 출판사로 향했다. 보수동에서 찾지 못해 출판사에 직접 전화했더니 잠시 책을 찾아본다며 전화를 끊지 말라 하셨다. 2, 3분이 지나자 재고가 있다는 것을 확인했다. 주소를 불러 주면 착불로 택배를 보내줄 수 있다고 하시는 사장님. 나는 부산이라 찾아갈 수 있다고 하자 주소를 알려주셨다.

"부산우체국 근처예요."

사장님은 전화를 끊기 전 오후 두 시 이후로 오라는 말을 하셨다. 출판사에 가는데 오전에 가면 안 되는 것일까? 이해할 수 없어 머리를 긁적였지만 필요한 책이 있어 다행이었다. 나는 소라계단을 내려와 소녀상 주위를 한참이나 돌았다. 부산우체국 뒤쪽인 건 알지만 도대체 어디에 사무실이 있는지 보이질 않았다.

몇 바퀴 돌다 작은 간판을 발견했다. 내가 찾던 출판사 이름이었다. LED 간판 대신 작은 나무판이었다. 어두컴컴한 계단을 따라 빌딩 내부로 올라갔다. 꼭 허름한 오피스텔에 들어간 기분이었다. 문을 닫고 있는 원룸들. 나는 종이에 적힌 호수를 확인하고 문을 두드렸다. 인기척이 없자 몇 번 문을 두드렸다. 전화를 다시 할까 생각이 든 순간 누군가 나를 반겨주었다.

원룸 출판사의 사장님이셨다. 방 안에 가득 찬 책들. 쌓여진 책들이 세월의 무게를 가늠케 했다. 혼자 운영하시는지 아무도 보이지 않았다. 소규모 출판만 해도 남는 책들이 많다고 하셨다. 출판된 지

10년이 넘었어도 겉표지가 깨끗했다. 두꺼운 박스 밑에 숨어있어 햇볕의 영향을 덜 받았나 보다.

몇 안 되는 인쇄소 사이에 남은 출판사다. 대형 서점과 대형 출판사만 생각했던 나에겐 충격이었다. 서점에서 이 출판사의 이름이 발견될 때 왠지 모를 친근감이 느껴졌다. 우석은 이 기분 알지 못한다. 그가 이 거리를 찾았을 때와는 너무나 달라졌으니 말이다.

 말말말

"남자들은 말은 안 해도 그렇지 모든 역사는 집에서 이루어집니다."

배우 송강호 〈오마이뉴스〉 (2013. 12. 10)

마카오를 다녀와야 손을 털지

반장   뽀빠이 너 사진 잘 나왔더라. 거기서 자전거 왜 탔어?

뽀빠이   아 씨발, 무슨 머리만 벗겨지면 다 전두환이야? 아 그리고 영장 가지고 와 그거 열거면.

– 작업실 이곳 저곳 뒤지며 뽀빠이를 희롱하는 경찰.

(중략)

– 팹시 등장. 뽀빠이는 팹시를 팀원들에게 소개 시킨다.

뽀빠이   잠시, 둘이 얘기좀.

씹던껌   야, 야 팹시 쟤는 아직도 이쁘다.

예니콜   이쁘긴. 내가 볼 땐. 어마어마한 쌍년 같애. 근데 쟤네 연애해?

– 건물 내부 한적한 곳에서 능글맞게 웃고 있는 두 사람.

뽀빠이   마카오를 다녀와야 손을 털지.

팹시   그 인간이 나도 오래?

뽀빠이   아직 감옥에 있는 줄 알 걸?

팹시   그 인간 대가리 쳐서 껍질까지 벗겨 먹을 거면 가고. 그냥 풀어 줄 거면 안 가고.

뽀빠이   당신 생각이 내 생각이오.

프로 도둑들. 그들은 지금 컵라면을 먹고 있다. 허름한 창고에서 승리의 기쁨을 만끽하는 예니콜. 그녀를 사랑했던 재벌 아들을 등쳐 먹고 기분이 매우 좋은 상태다. 재떨이 같은 고미술품에 흥미가 없는지 서로 티격태격하며 돈을 나누고 있다. 그녀의 목소리만 들어도 자신감이 넘쳐 있다는 사실을 알 수 있다. 예니콜의 공이 컸던 건 사실인지 다들 고개를 끄덕이는 분위기다. 그런 예니콜이 눈엣가시였는지 누군가 핀잔을 준다. 그는 잠파노다.

"너 미술관장이랑 잤나?"

잠파노가 돈을 세며 말했다. 도둑들도 사랑을 한다. 희대의 사기꾼들도 아내가 있었고, 자식이 있었다. 잠파노는 미술관장 애인 역할을 자처했던 예니콜에 심기가 불편한 상황이다. 잠을 자지 않았다는 말에 잠파노는 말이 없어졌다. 다행이라고 판단했는지 더 이상 추궁은 없다. 재주도 좋다며 놀려대는 씹던껌에 분노한 예니콜. 나이가 곱절이나 많아보여도 전관예우는 없다. 동일한 눈높이와 나의 특기. 이것들만 필요한 세상이다.

"내가 왜 몰라? 연기파 배우로 완전 전설이신데."

팹시가 씹던껌 손을 잡으며 가볍게 인사한다. 하나둘씩 모이는 사람들에 분위기가 심상치 않다. 도둑질과 어울리지 않는 예쁜 팹시, 예니콜. 오히려 장점이라고 생각하는지 더러운 창고 분위기에 익숙한 눈치다. 가석방 된 팹시와 예니콜의 미모 대결은 도둑질만큼 치열하다.

인사는 대충하고 본론으로 들어가는 뽀빠이. 그는 마카오 박 얘기를 조심스레 꺼낸다. 홍콩에 큰 거 한 건이 있다는 소식을 알려주며 분위기를 띄운다. 도둑질 여러 번 해본 사람들이 놀라는 이유를 보니 큰 사건이 분명하다. 하지만 사건보다 사람이 먼저인 팹시. 어떤 사연이 있는지 모르지만 마카오 박을 경계하는 눈치다. 뽀빠이는 팹시의 마음을 잘 아는 듯 제대로 한 방 먹여보자는 눈치다.

버릴 장면이 없다. 도둑들의 대화는 둘째치고서 나는 묘한 창고 분위기에 끌렸다. 필름 갈아 끼우느라 인테리어 살짝 했겠지만 모두 엎을 수는 없는 노릇. 1980, 90년대 부산 관광을 호령한 서라벌호텔의 숨은 매력을 그대로 재현해 놓았다. 설마 방 내부가 창고일까? 그렇지는 않다. 깔끔한 숙박시설이라 부산국제영화제 초창기에 자주 활용된 공간이다. 하지만 창고가 된 호텔. 등장하지 않은 마카오 박과 팹시 사이에 존재하는 기 싸움도 이와 흡사하다.

지금은 역사 속으로 사라졌다. 서라벌호텔이 있던 자리엔 임대형 원룸 아파트 두 개 동이 들어섰다. 이름도 서라벌에서 코모도로 바뀌었다. 코모도 에스테이트. 2002년 가을, 월드컵의 흥분이 가시지 않은 그때 뜻밖의 소식이 들려왔다. 85억 낙찰. 서라벌호텔은 경매에 넘어갔고, 그것을 인수한 친구가 코모도 호텔이다. IMF를 버티지 못하고 쓰러진 호텔들을 주워 담던 코모도는 이제 자기 차례란

서라벌호텔이 있던 자리에 들어선 코모도 에스테이트. 인근에 허름한 건물도 보인다

걸 아는지 1년 내내 가격인하 중이다.

인쇄골목 뒷길이라 깔끔한 아파트 주위로 40년 넘은 건물을 쉽게 찾을 수 있다. 서라벌호텔은 약 10년간 방치되다 영화 촬영을 끝으로 철거됐다. 30년 정도 동고동락했으면 슬퍼할 법도 한데 반겨주는 사람 아무도 없다. 주변 인쇄소 간판에서 서라벌이란 이름 하나 찾기 힘들다. 이 거리를 지날 때 서라벌 이름을 딴 점포들이 몇 군데 있었던 것으로 기억한다. 소리 소문 없이 사라진 친구들. 호텔 길목에서 오래 장사하신 옷 가게 사장님만이 서라벌이란 단어를 입에 담으셨다.

서라벌은 신라의 옛 수도며 서울이란 지명의 기원이다. 새로운 벌판이란 느낌이 관광호텔의 분위기를 한층 더 살려주는 것 같기도 했다. 현 시점에서 당시 호텔을 생각해보면 잘 만들어진 모텔 수준이다. 그래도 그들이 주목받을 수 있었던 건 진짜 도둑들 때문이었다. 최동훈 감독이 이곳을 선택한 건 우연은 아니라고 본다. 비어 있는 옛 건물을 떠올리니 왠지 뒤지고 싶어진다. 최 감독은 진짜 도둑들의 아지트라는 점에서 매력을 느끼지 않았을까? 이곳은 한때 물건 좀 훔친다고 소문난 외국친구들로 넘쳐났었다.

콧물 흘릴 때쯤 엄마 손을 잡고 남포동에 온 적이 있었다. 정확한 시간과 날짜는 모르겠지만 수십 명의 경찰들이 호텔 주위를 어슬렁거렸다. 시끄러운 사이렌이 울려 퍼지고 사람들이 무슨 일인지 궁금해 했다. 경찰차에서 내리던 형사들. 대장으로 보이는 사람이 손가락으로 이곳저곳을 가리켰다. 엄마는 나쁜 사람들 잡으러 경찰아저씨가 왔다고 했다. 처음 보는 진귀한 광경에 흥분한 나머지 두 발에 힘을 주었지만 엄마는 내 손을 잡아끌었다.

시간이 지나며 알게 된 건 야쿠자의 망년회. 언론에 시끄럽게 보도됐다는데 관심 가질 나이는 아니었다. 일본의 폭력조직이 부산으로 놀러온 것이었다. 사람이 사람 만나는 게 이상하진 않다. 하지만 당시 부산에서 유명했던 주먹대장들이 그들과 만났기에 관심이 쏠렸다. 어떤 일이 벌어질지 몰라 긴장한 경찰들. 그들의 아내나 부모님은 얼마나 걱정했을지 짐작이 간다.

부산을 관광하던 70여 명의 간부급 야쿠자들은 7천만엔이란 거금을 뿌리고 다녔다. 엄청난 돈이 어디로 흘러들어 갔는지는 밝혀지지 않았다. 다만 그들은 1990년의 서라벌호텔 위상만큼은 확실히 세워주고 갔다. 도둑들의 망년회. 그들이 어떻게 놀고 갔는지 뜬소문만 무성했다.

도둑들이 집으로 갔어도 서라벌의 불협화음은 끊이질 않았다. 남포동 일대의 빠찡코 단속에 이름을 자주 올렸으며 불법 예식장 영업, 이용원 바가지요금 등 눈살을 찌푸리게 하는 일들이 많았다. 괜찮은 소식이라면 노사 합의장소로 제법 사용됐다는 점. 악수를 하며 신문에 등장한 사람도 생생히 기억나는데 지금은 들어가 앉을 자리

유동인구가 적은 오피스텔 입구. 상가 층에는 빈 점포가 여러 개 있다

조차 없다.

　진짜 도둑들은 더 이상 오지 않았고, 잘 생기고 예쁜 가짜 도둑들이 왔다 갔다. 누런 외벽에 먼지 날리는 창고. 아무 때나 용변을 봐도 뭐라 할 사람 없는 빈방. 지금 막 연기를 시작한 사람이라도 이곳에 오면 멋진 배우가 될 가능성이 높다. 뽀빠이와 친구들은 자신도 모르게 서라벌의 음침한 매력을 즐기고 있었다. 진짜 도둑들처럼.

 말말말

"(액션신의 혹평에 대해) 블러드를 했기 때문에 액션신에 대한 자부심도 있었지만, 사실 그것보다 자신감이 더 컸던 것 같아요."

배우 전지현 〈더팩트〉 (2012. 7. 20)

우리는 지금 박종철 군의
추모행사를 하고 있습니다

경찰　여러분들은 지금 불법으로 도로를 접거 하고 있습니다.

우석　살아남은 지금, 여기 서 있는 우리의 책임은 너무나 막중하고 자명
　　　합니다.

경찰　불법시위, 지금 당장 해산하지 않으면 강제 해산 시키겠습니다.

우석　민주주의! 그것은 반드시 쟁취해야만 합니다. 시민 여러분 우리는
　　　지금 박종철 군의 추모행사를 하고 있습니다. 이것은 불법시위가
　　　아닙니다.

— 사이렌 소리가 울리며 최루탄이 날아든다.

우석　흩어지지 말고 이 자리를 지킵시다. 흩어지지 말고 이 자리를 지킵
　　　시다.

— 무장한 경찰이 우석을 향해 달려든다.

우석　시민동지 여러분, 시민동지 여러분. 흩어지지 말고 이 자리를 지킵
　　　시다. 시민동지 여러분!

— 검찰조사를 받는 우석

검사　이번 추도회가 과거 부마사태 같은 극도의 혼란상태로 번졌을 가
　　　능성이 높다고 생각하지 않으십니까?

"2년 후 가석방으로 전원 풀어줘라."

휴정된 뒤 판사가 말했다. 우석은 민주주의를 외치며 경찰들에 의해 법정 밖으로 끌려 나갔다. 우석이 마지막 희망이라 생각한 사람들은 실망감을 감추지 못했다. 국보급 싸움은 형량 싸움이라는 데 검찰 측이나 변호사 측이나 모두 만족한 눈치다. 더 이상 혼자서 싸울 수 없음을 깨달았는지 우석은 순애가 가져온 따스한 국밥을 맛없게 먹는다.

책 한 권 읽은 게 감옥행이라니 말도 안 되는 판결이었다. 부마항쟁으로 화가 가시지도 않았는데, 정부는 국민들을 향해 뜨거운 부채질을 제대로 한 셈이다. 부독련 사건, 역사에 기록된 사건명까지 바뀌가며 알리고 싶은 건 무엇이었을까? 유신 타도, 독재 타도. 영화의 주제이자 하늘나라로 가버린 우석을 그리워하는 메시지다.

몇 년 뒤 우석은 다시 사람들 앞에 섰다. 박종철 군의 추도회를 위해 천주교 성당 앞에 모인 사람들. 그들을 진두지휘하는 사람은 우석이고, 그를 막아서는 사람은 경찰이다. 불법시위는 당장 해산하라는 경찰의 주장. 몇 번의 경고에도 꿈쩍하지 않자 그들은 사이렌을 울리며 불쌍한 경찰들을 앞장세운다. 하위 직급 전경들은 아무것도 모른 채 그저 곤봉을 휘두른다.

무장한 전경들은 최루탄을 사정없이 쏘아댄다. 바람을 등에 업고 호흡기로 들어온 CS가스에 사람들은 어쩔 줄 몰라 뒷걸음질 친다. 눈이 따가워 눈물이 나도 우석은 끝까지 참으며 자리를 지켜 달라

용두산공원 아래 위치한 천주교 중앙성당. 성당을 지나 용두산공원으로 가는 길

부탁한다. 그의 용감함에 감탄한 시민들은 철로 된 방패가 두렵지 않은지 제자리를 지킨다.

　용두산공원 바로 아래 위치한 천주교 중앙성당. 1903년 이래로 이렇게 험난한 꼴을 본 적 있을까? 피란시절 성당 문을 열어 보금자리까지 제공한 곳이다. 배고픈 피란민에게 따뜻한 죽 한 그릇 대접한 사람들이다. 가격이 폭등해 좋아하던 사람이 있는 반면, 가진 거 다 나눠준 사람도 있다. 종교가 있든 없든 시민들은 이 거리로 나왔다. 부산극장 앞에서 이곳까지의 거리는 대략 1km. 박종철을 살려내라는 외침은 용두산공원에 높이 솟은 부산타워까지 전달됐다.
　최루탄이 날아들었던 그 거리는 길 잃은 자동차들로 혼잡하다. 주변 부식상가에 드나드는 정기차량과 맞물려 경적소리가 적지 않게 들린다. 나는 가급적 이 거리를 걸어 다닌다. 목이 타는 현장이라 생각하면 가슴이 먹먹해진다. 가볍게 산책하는 마음으로 걸어도 천주교 성당을 두른 쇠창살에 최루탄이 생각난다. 그 당시엔 지금의 촛불시위와는 많이 달랐다. 때리고 피 흘려도 조용히만 시키면 그만이었다. 그 사람들이 아직도 곤봉을 잡고 있다. 민주적인 시위를 외치는 시민들 덕분에 최루탄은 잠시 숨어있을 뿐 사라진 건 아니다. 격동의 1980년대를 보낸 선배님들의 용기를 따라갈 수 있을까? 강심장으론 안 된다. 정신력, 반드시 민주화가 있어야 한다는 그 외침. 그들의 목소리가 지금 이곳에서 들려온다.

서울대 언어학과 학생회장 박종철. 21세의 나이에 불끈 쥔 두 주먹. 부산을 떠나 서울로 가며 공부만 할 줄 알았던 아들은 국가를 위해 목숨을 바쳤다. 남영동에서 숨진 사람들을 입막음하려는 경찰에 전 국민이 화가 났다. 살아 돌아오지 않는 것을 알면서도 우석과 뜻을 모은 변호사들은 외쳤다.

"군부독재 타도, 박종철을 살려내라!"
1987년 2월 7일. 최루탄을 미처 피하지 못한 사람들 181명이 연행됐다. 우석과 동료 변호사들은 불법시위가 아님을 재차 강조했다. 그는 기각은 기적이 아닌 당연한 결과라며 피력했다. 우석과 함께 추도회에 참여한 사람들은 현재 대한민국 곳곳에 퍼져 있다. 누구는

성당 외벽의 녹슨 쇠창살. 벽에 그려진 그라피티 아트가 시선을 끈다

외국으로, 누구는 가정으로, 누구는 정치로. 그들이 어디를 갔어도 민주화를 향했던 마음은 영원히 기억되고 있다.

　일제의 수탈 상처가 아물지도 않았는데 또 다시 피로 물들었던 한국. 1987년 역사의 현장. 나는 그곳에 없었다. 나의 아버지와 어머니가 그 거리에 있었는지 묻지 않았다. 그 자리를 지켰으면 혁명가이고, 그렇지 않으면 방관자란 흑백논리를 넘어 민주주의를 염원했던 사람이라면 나름의 방법으로 시위를 했을 것이다. 남들 앞에 서는 시위와 몰래 숨어서 하는 시위. 이 모든 게 뭉쳐 1987년을 넘긴 것이라 믿고 싶다.

 말말말

"출연 후 차기작 섭외가 끊겼다."

배우 송강호 〈일간스포츠〉 (2016. 11. 14)

왜 항상 당신만 희생을 해야 하냐구요

덕수 장남이나 가장은 가족을 잘 돌봐야 하는 거 아이가?

영자 그만큼 했으면 됐어요. 뭘 더 해요? 왜 항상 당신만 희생을 해야
      하냐구요.

덕수 됐다 고마해라.

영자 그리고, 누가 모를 줄 알아요? 아가씨 결혼? 결국 그 가게 때문에
      전쟁터에 가려는 거잖아요. 누가 모를 줄 알아요?

덕수 고마하라고 좀, 무신 여자가 이리 말이 많노. 누군 가고 싶어서 가
      는 줄 아나? 어? 이런 게 내 팔자라고. 내 팔자가 이런데 내 보고
      우짜란 말이고?

영자 당신 팔자가 어때서요? 이젠 남이 아니라, 당신을 위해서 한 번 살
      아 보라구요. 당신 인생인데 왜 그 안에 당신은 없냐구요.

– 애국가가 울려 퍼진다. 국기에 대한 경례 시작. 눈물이 멈추지 않는 영자는 할
  아버지의 따가운 눈총을 받으며 자리에서 일어난다.

"그건, 빙시같이 지가 안 햇거자나."

끝순이가 울먹이며 엄마에게 대든다. 엄마는 숟가락 하나 놓고 결혼한 큰오빠를 두고 무슨 소리냐며 나무란다. 결혼이 하고픈 막내 동생 끝순이. 남자친구와 결혼 문제로 다툰 뒤 엄마에게 화풀이 중이다. 작은오빠 결혼할 때는 시원하게 주머니를 열었는데 왜 자신은 안 되는지 물어본다.

덕수는 독일 탄광에서 숨도 제대로 못 쉬며 돌을 날랐다. 그 돈으로 작은동생 공부도 시키고, 결혼도 시키고, 집도 장만했다. 끝순이도 큰오빠의 고마움은 알지만 답답한 심정을 풀어놓을 때가 없었나 보다. 우리는 왜 가난한지, 엄마는 신혼집 차리는데 왜 아무런 도움을 주지 못하는지 원망만 가득하다. 마당에서 끝순이의 절박함을 몰래 듣고 있는 사람은 덕수다. 고모가 돌아가시고 가게를 내놓은 주정뱅이 고모부 때문에 마음이 심란한 상태다. 어디를 가도 반겨주는 사람 없고, 돈 달라는 곡소리만 들린다.

덕수는 결국 월남 행을 택했다. 파리에서 미국과 베트남이 휴전 협정에 서명했지만 위험천만한 건 여전했다. 어머니에게 조심스레 말을 꺼내는 덕수. 한 번 다녀오면 850달러, 당시 한국돈 기준으로 약 40만원이다. 그 돈으로 가게도 인수하고, 끝순이 결혼도 시킬 생각이었다.

영자와 다툴 수밖에 없는 상황이다. 결혼 후 얼마 지나지 않아 목숨을 내놓으려는 덕수에게 영자는 화가 단단히 났다. 가족을 위해 희생하는 건 이해하지만 더 이상은 싫다고 한다. 그녀는 아들과 자신을 두고 떠나려는 덕수를 어떻게든 붙잡아야 했다.

용두산공원에서 시원하게 싸우는 영자와 덕수. 그들의 싸움이 절정에 다다르자 갑자기 애국가가 울려 퍼진다. 국기에 대한 맹세. 울먹이던 영자는 자리에서 일어나지 않았다. 분한 마음을 허심탄회하게 털어놓고 있는데 애국가가 방해한 셈이다. 앉아 있는 영자를 아니꼽게 쳐다보는 할아버지. 그녀는 눈물을 훔치며 자리에서 일어났다.

덕수와 영자에겐 미안하지만 이곳은 싸울 만한 장소가 못된다. 사랑을 위한 장소인데 갑자기 다툼이라니. 용두산공원은 데이트 코스의 종착점이라 볼 수 있다. 늦은 밤 야경을 보기 위해 모여드는 연인들. 공원 벤치에 앉아 사랑을 속삭이는 사람들이 많다. 앉을 곳이 늘어났지만 자리 잡기 힘들 때도 있다.

공원엔 부산타워가 있다. 200m도 안 되는데 오천원이라니 아깝다는 소리도 들린다. 그래도 도쿄타워 중간지점보다 저렴하다는 얘기에 한 번씩 오르내린다. 나는 부산타워 대신 용두산타워라고 불렀던 기억이 있다. 용두산공원에 있어서 붙여진 이름이다. 지금은 고층 빌딩에 개방된 전망대에 밀려 열기가 식었지만 관광객들의 발걸음은 여전히 끊이질 않고 있다.

천마산
Cheonma Mountain
天馬山

국제시장
International Market
國際市場

부평동야시장(깡통시장)
Bupyeong-dong Market
富平洞夜市場

부산타워에서 내려다보이는 시가지. 두꺼운 유리가 이정표 역할을 하고 있다

나는 가끔 타워에 오른다. 딱히 기념에 남겨 자랑하고픈 입장이
아니라 산책하는 기분이다. 알고 가면 더 재미있다는 말이 있다. 둥
그런 원형 탑 안에 적힌 명소들. 그곳의 추억을 알고 역사를 알면 머
무는 시간이 길어진다. 보수동에서 책 샀던 일, 깡통시장에서 유명
한 치킨집을 찾아 헤맨 일, 천마산을 내려오다 다리를 삐끗한 일 등
잊혀진 기억들이 떠오른다.

덕수와 영자가 타워에 올라갔다면 다투지 않았으리라 생각한다.
부산의 하꼬방들이 반겨주는데 언성이 높아질 리 없다. 산중턱까지
올라간 작은 집들이 귀엽기만 하다. 법을 지키자는 마음이 앞섰는지
대부분 이마에 초록빛이 스며있다. 눈에 보이는 아무 산에서나 골목
길을 따라 내려가면 자갈치시장이 나온다. 생선을 파는 아지매는 보
이질 않지만 배고픈 갈매기는 보인다. 쓰레기통에 버리지 말고 자신
에게 달라며 날개를 펼친다.

연인들은 아무래도 어둑해질 때 많이 온다. 종착점이다 보니 자물
쇠를 하나씩 챙겨온다. 타워를 둘러싼 난간엔 사랑이 넘친다. 크기
는 천차만별. 서로의 사랑을 확인하는 것보다 사진 찍기에 바쁘다.
크기도 커야 한다. 1m가 넘는 쇠사슬을 가져오는 사람들에 눈이 휘
둥그레진다. 입을 가리며 비웃기도 하지만 부러웠는지 남자친구에
게 투정을 부린다. 줄을 몇 번이나 감아야 예쁘게 잠기는 자물쇠들.
무겁기도 할 텐데 누군가 고생한 흔적이 보인다.

자물쇠가 빼곡히 매달린 난간. 조명기구에까지 매달린 자물쇠들

부산타워는 원도심의 랜드마크다. 키 크고 멋진 빌딩들이 거드름을 피워도 상징성은 사라지지 않았다. 그들이 절대 흉내 낼 수 없는 시민정신이 숨어 있어서일까? 공원을 걷다보니 신사참배에 항의했던 부산시민의 숨결이 느껴진다.

신사참배는 100년이 넘어도 없어지지 않았다. 부산을 점령한 일

용두산공원의 상징 이순신 장군 동상

본인들은 제국주의에 대한 염원을 상징물로 표현하려 했다. 작은 산이지만 부산의 구도심을 훤히 내려다 볼 수 있는 용두산. 그들은 그곳에 신사를 세웠다. 거센 항일운동에도 50년이란 세월을 버텨냈다. 부산이 재팬타운에서 벗어난 것도 신사가 사라질 즈음이다.

1945년, 국민이 원했던 그 순간. 석 달 뒤 신사는 불에 타올랐다. 눈 깜빡이니 눈앞에서 사라졌다고 한다. 그만큼 불에 잘 탔던 신사. 범인이 누구인지 모른다. 바람이 그랬는지, 뜨거운 심장이 그랬는지 알 길이 없다. 공원이 재정비되면서 신사가 있던 주변에 충무공 동상이 세워졌다. 어르신들은 자리를 제대로 잡았다며 칭찬을 아끼지 않는다.

여담이지만 신사가 세워지며 호랑이도 사라졌다. 한국해양대학교 김승 교수가 말하길 용두산에 호랑이가 마지막으로 내려온 시점은 1873년이라 한다. 용맹한 호랑이도 어쩔 수 없었나 보다. 배가 고플 때면 마을을 쑥대밭으로 만들었다는데 정작 중요할 때는 어디로 가 버렸는지 원통하기만 하다. 어쩌면 신사에 불을 지른 범인은 호랑이 일지도 모른다. 50년 넘게 숨어버린 호랑이가 스스로 부끄러움을 느 꼈다면 가능한 일이다.

나는 용두산공원에 지겹도록 갔다. 정말 지겹다는 말이 절로 나 온다. 부산의 아름다움을 모를 나이. 학교는 용두산공원을 사랑했던 게 틀림없다. 민주공원을 둘러본 뒤 용두산공원으로 향했다. 시원한 경치에 가슴이 벅차지만 학년마다 방문하니 아무런 느낌도 들지 않 았다. 부산 청소년의 대표적인 소풍 장소다. 가끔 길을 가다 공원을 둘러보는 학생들을 만난다. 사진기야 고급스러워졌지만 카메라에 담는 모습은 그때나 지금이나 다르지 않다.

당시엔 껄렁거리는 학생들이 모이는 장소기도 했다. 싸움 좀 한다 는 애들이 소풍 올 때면 서로 눈을 마주쳤다. 욕소리가 들리면 선생 님들이 머리를 때리곤 했다. 영화 〈친구〉의 분위기와 흡사했다. 롤 라장에서 한바탕 한 친구 네 명은 늦은 밤 용두산공원으로 향했다.

"이건 동동구리무이다 동동구리무."

한류스타 '최지우'를 형상화한 모습. 아래는 잘 가꿔진 화단에 설치된 대형 꽃시계

남자들만 아는 농담을 하던 중호. 저 멀리서 레인보우 싱어들에게
껄떡거리는 남자들을 보고 뛰어간다. 그들만의 아지트 용두산공원.
지금은 여행객들 덕분에 껄렁거리는 사람을 찾아보기 힘들다. 아마 꾸준하게 용두산을 찾는 사람이라면 어르신들이 유일하다. 장기와 바둑을 두는 할아버지들. 밤에는 데이트하는 연인들에 심술이 났는지 사라졌다가 낮이 되면 다시 나오신다. 하지만 그 어느 누구도 비둘기만큼 용두산공원을 잘 알지는 못한다. 용두산공원하면 역시 비둘기다. 타워에 오르라며 호객행위 하는 비둘기들. 부쩍 말라버린 몸뚱어리를 보다 나는 주지 말라는 과자를 구석진 데다 뿌려두고서 내려온다.

나는 껄렁거리던 학생도 아니었고, 장기 한 판에 인생을 가르치는 할아버지도 아니었다. 억지로 올라갔던 한 사람이었지만 지금 생각해보면 학교 측에 고맙기도 하다. 그런 시간들을 보냈으니 좋아할 수 있게 되나 보다. 덕수와 영자도 나와 같은 심정일까? 싸우려 해도 사랑의 기운이 넘쳐 제대로 화를 내지 못하는 장소. 영자는 알 수 없는 분위기에 단념한 게 틀림없다. 며칠 뒤 덕수는 달구와 월남에서 모습을 드러냈다.

 말말말

"한 번은 제가 감독님께 '좀 강하게 가야 하지 않나'라고 물어본 적이 있는데 감독님이 '아니다. 영자는 한없이 곱고 예뻐야 한다, 무조건 덕수를 감싸줘야 한다'고 말하더라고요."

배우 김윤진 〈디지털 타임스〉 (2014. 12. 29)

내 책 다시 주이소

우석　내 책 다시 주이소.

　책을 다시 달라는 우석. 그를 쳐다보는 책방 주인은 무슨 말을 해야 할까? 한 번 줬으면 그만이지 왜 다시 가져가는지 모르겠다. 오해의 소지가 분명하다. 하지만 영화 속 책방 주인의 눈빛이 지금 이 상황을 정리해준다. 모질게 내치는 대신 그는 셔터를 다시 올렸다.

　사법고시에 매달린 우석. 1, 2년 해서 쉽게 결판나는 게 아니기에 더욱 간절했다. 그는 답답함을 안고서 절대 포기하지 않았다. 아이가 태어나도 말이다. 공사장에서 일용직 노동자로 일을 하다 출산 소식을 들었다. 미친 듯이 병원으로 뛰어가 얼굴 대충 몇 번 헹구고 장모님을 만났다. 그때 문틈 사이로 한 줄기 빛이 새어 나왔다. 기분이 좋아야 하는데 오히려 마음이 미어진다. 장모님과 아내는 입이라도 맞췄는지 같은 소리를 반복한다.

"공부하느라 고생이 많제?"

요즘 같은 불경기엔 사법고시만의 얘기는 아닐 것이다. 더욱이 우석이 공부하던 시절엔 '삼포세대'가 없었다. 그래도 변하지 않는 건 공부에 대한 열정이다. 공부하면 성공할 수 있다는 프레임이 우리 머릿속에 여전히 남아있다. 선생님께서 말씀하셨다. 자신이 지금까지 경험한 바로 공부엔 왕도가 없다고 말이다. 모로 가도 서울만 가면 된다는 이야기들. 공부 못하면 패배자가 된다는 조언. 그때는 더 심했을 게 분명하다.

각본가는 극중 재미를 위해 주인공을 궁지로 몰아넣는다. 더 이상 물러설 곳이 없으면 고난과 역경을 딛고 튀어나오게 만든다. 그래야 관객들에게 쾌감을 주며 감동을 준다고 한다. 큰 맥락에서 보면 우석의 상황은 형식적이지만 공감대를 갖기엔 충분했다. 볼펜을 쥐고서 딱딱한 의자에 한 번이라도 앉아본 사람이라면 우석의 눈빛에 고개를 끄덕이지 않을까 싶다.

좋게 말하면 보수동 책방골목은 책을 사랑하는 사람들에겐 천국이다. 반대로 생각해보면 누군가에겐 쓰라림의 장소다. 두꺼운 책들을 놓고 사라진 우석 같은 사람이 많다. 중요한 시험에 떨어진 그 기분. 이젠 가능성이 없다는 절망감. 긴 인생의 찰나인데도 불구하고 그 순간이 전부인 것처럼 행동한다. 그렇게 모여진 책들이 보수동을 가

보수동 책방골목 사이로 늘어선 작은 서점들

득 메웠다.

　52개의 서점. 가보지 않은 사람은 믿어지지 않는 숫자다. 동네 책
방들이 사라지고 대형서점만 남은 현 시점에선 더더욱 그러하다. 다
행인 건 이 작은 서점들이 잠을 잔다는 사실이다. 개인이 운영하기
에 영업시간은 자유롭다. 보통 오후 여섯 시를 넘기면 셔터 내리는
소리가 조금씩 들려온다. "드르륵" 누군가 신호탄을 쐈다. 마치 약속
이라도 한 것처럼 너도 나도 셔터를 내린다. 물론 늦게까지 영업하
는 점포들도 많다. 나는 이 거리에 많이 왔어도 마지막 점포가 문 닫
는 건 본 적이 없다. 기회가 된다면 늦은 밤 셔터를 내리는 사장님을
만나보고 싶다.

크고 작은 책들. 누가 던져놓고 갔는지 가져갈 생각도 하지 않는다. 천장까지 올라간 두꺼운 책들. 33m² 남짓한 공간엔 가운데 앉을 자리를 제외하고서 전부 책으로 가득 차 있다. 고개를 살짝 들어보니 누군가 나를 측은하게 쳐다보고 있다. 모서리에 한문이 적힌 두꺼운 책들. 읽을 수 있는 것과 없는 것들이 있다. '법'과 관련된 내용이라 생각하며 나는 아는 단어를 머리에서 끄집어내려 애썼다.

사법고시는 얼마나 힘들까? 그들의 손때가 남은 책들. 우스갯소리로 종이를 잘게 찢어 물에 말아 먹으면 절대 까먹지 않는다는 얘기도 들었었다. 헌법, 민법, 형법. 공부를 해보지 않으면 구분조차도 어렵다. 뉴스에 나오는 법률용어도 이해가 잘 가지 않는데 그들은 어떻게 공부를 했을까? 우석이 공부하던 시절엔 매우 적은 수의 사람만 선택됐다. 50여 명. 그 숫자에 자신의 이름을 올리려면 보수동에 있는 웬만한 책들은 꿰고 있어야 할 게 틀림없다.

먼지모자 쓴 그들도 주인을 기다리고 있다. 책을 한 장 넘겨보면 쾌쾌한 냄새가 코를 찌른다. 바람 하나 들어오지 않는 구석진 곳엔 그렇게 잠들어 버린 책들이 많다. 발이 달렸으면 도망이라도 갈 텐데 이러지도 저러지도 못한다. 사법고시 준비생인지 몰라도 누군가 그런 책들을 살펴보고선 다시 꽂아 넣는다. 최신 유형에 한참이나 뒤처진 책들. 선택받지 못한 채 오늘도 눈만 깜빡이다 잠자리에 든다. 사장님은 구석진 곳에서 외면 받는 책들이 안쓰러운지 간판 아

테레사 수녀의 명언을 간판 대신 사용하는 서점. 겹겹이 쌓인 책으로 가득하다

래 명언들을 적어두셨다. 지나가다 눈이라도 마주쳐달라는 응원의
메시지다.

세상이 어둡다고 저주하지 말고 당신의 작은 촛불을 켜라. – 테레사

이곳에 책이라는 문화를 가져온 사람은 이북에서 피란온 '손정린'
부부다. 1950년대 미군부대에서 나온 잡지, 만화, 고물상 등을 판매
하며 결국 보문서점을 열었다고 한다. 쓰레기더미에서 나온 책들이
지금 책방골목의 시초가 된 셈이다.

전쟁 중에도 학업을 멈출 수 없다는 선생님들은 보수동 뒷산자락
까지 올라가 천막교실을 열어 배고픈 아이들을 가르쳤다. 덕분에 인
근시장에서 이어지는 보수동 입구 주변은 학생들의 통학로가 되며

50년이 넘은 오래된 간판. 아래는 묶음 판매하는 만화책과 판타지 소설

부산 책 시대의 서막을 알렸다. 학생들이 붐비다 보니 헌책을 가진 상인들이 하나둘씩 모이며 서점거리를 형성하게 된다. 나는 학창시절 보수동을 찾지 않았다. 책을 좋아하진 않지만 신학기 책은 꼭 새것으로 구입하고 싶었다.

전성기라면 1960년대 후반이다. '배워야 먹고 산다'는 문화가 자리잡자 책은 귀중품이 되어버렸다. 이곳에서 50년 세월을 보낸 1세대 서점인 '학우서점'의 김여만씨는 한 매체와의 인터뷰에서 전성기 상황을 생생히 들려주었다. 진열해놓으면 줄을 서서 사가던 사람들 때문에 청계천, 대구시청 주변, 또 광주까지 가서 책을 가져왔다고 한다.

"오시는 손님들의 눈빛이 달라요."
지금 우리가 서점에 진열된 책을 보는 눈빛과 어떻게 다를까? 나도 절판된 책을 찾기 위해 발품을 팔아본 지가 벌써 몇 년이 지난 듯하다. 신간의 첫 페이지를 넘기는 설렘도 사라졌는지 책 디자인에 자꾸 눈이 간다.

몇 년 전, 절판된 도서를 구하기 위해 보수동을 찾았었다. 인터넷을 통해 알아본 결과 절판의 이점을 이용한 거품을 발견했다. 15년이 넘은 서적이지만 아직 수요가 있기에 원가의 여덟 배까지 흥정하는 익명의 판매자들을 보았다.
돈이야 줄 수 있지만 왠지 모를 괘씸함에 보수동을 찾았다. 여러 서점을 기웃거리다 드디어 어느 사장님께서 절판된 도서를 찾아주셨다. 겉으로 보기에 작은 서점일지 몰라도 창고를 끼고 있기 때문에 무시해선 안 된다. 사장님께서 창고 안을 한참 뒤적거리시더니 결국 내가 원하는 것을 손에 안겨 주셨다. 가격은 원가에 받으셨다. 사장님도 현재 절판이라는 이점을 잘 알고 있는 눈치였지만 저렴하

계단은 물론 책 기둥으로 통로를 만든 서점. 책은 살아야 한다

게 주신 경우다.

골목길을 가다 사진을 다 찍은 사람들은 저렴한 책을 하나 산다. 여행지에서 구입한 책은 오래 기억된다. 혼자든 함께든 이 시간만큼은 그 책에 고스란히 전해진다. 천원부터 시작된 책은 사장님의 마음이다. 천원만 깎아 달라며 눈을 부릅뜬 여행객에게 못이기는 척 넘겨주신다.

저렴해도 너무 공짜로 가져간다는 생각은 실례다. 가격은 천차만별이다. 나는 온라인에서 판매되는 중고도서에 비해 저렴하다고 생각한다. 책을 자주 사던 아는 지인은 의외로 비싸다고 말한다. 부르는 게 값이지만 정가보다 저렴하게 살 수 있는 건 확실하다.

이 거리를 오래 지켜오시던 분들이라 그 누구보다 손님들이 원하는 가격을 잘 알고 있다. 골목을 지나가다보면 책을 좋아하는 모든 사람들에게 알려주고 싶은 충동이 생긴다. 모두 같은 마음이지 않을까? 오래전 MBC 느낌표에서 진행한 '책책책, 책을 읽읍시다' 프로젝트는 어디로 사라졌는지 궁금하다.

 말말말

"배우는 연기를 할 뿐이다."

배우 송강호 〈중앙일보〉 (2015. 9. 14)

아오, 뭔가 이그조틱하고 아프노말한

신사 아오, 뭔가 이그조틱하고 아프노말한 그런 패브릭을 찾고 있어요.

고모 패브릭? 아 이거 좋다. (얼버무리며) 아브노말.

신사 오, 판타스틱 언빌리브벌, 나는 알레강스한 여성들을 위한 패브릭을 찾고 있었는데 그런 패브릭은 애초에 없었던 거예요. 오, 왜 난 패브릭에 수를 놓는다는 걸 띵킹하지 못했을까요? 허허 이런. 오우 스투피드. 오우 바보.

달구 아 그러면 저, 서울에서는 남자가 여자 옷도 만듭니까?

신사 오, 다가오는 제너레이션에서는 남녀 영역 파괴가 토픽이 될 거구요.

— 신사가 떠나고 캐리어 두 개를 든 여자가 가게 앞에 등장한다.

덕수 영자씨……

"먼저 가 있으라, 내 곧 따라간다."

덕수 아버지가 하얀 입김을 내뿜으며 말했다. 포탄이 떨어지자 아수라장이 된 흥남. 막순이를 잃어버린 덕수에게 한 마지막 말이다.

개미떼보다 많은 인파에 사라진 막순이를 찾으려는 아버지. 그는 함께 내려 가지 못한 슬픔을 감추려 곧 따라갈 것이라는 말로 얼버무린다.

덕수 가족은 다행히도 가는 곳이 정해져 있었다. 덕수 아버지는 남쪽으로 무조건 내려가야 한다는 생각에 고모가 떠올랐다. 부산에서 장사하고 있는 고모의 가게 꽃분이네. 덕수 인생의 출발점이자 마지막이 된 그곳. 목숨을 바치면서까지 지키려 했던 가게다. 더 높은 가격을 쳐준다며 가게를 내놓으라는 사람들이 있어도 으름장을 놓던 덕수. 이곳에 본인이 있어야 헤어진 막순이와 아버지를 만난다고 생각한 사람이다.

꽃분이네가 등장한 신이 많다. 참고로 이 장면은 옛날 모습을 표현하기 위해 기장 도예촌에서 촬영됐다. 중요한 거점이므로 소개하려는 장면을 선택하는 게 쉽지 않았다. 나는 지금 보여주는 장면이 이 영화의 색깔을 가장 잘 묘사한다고 생각했다. 가족을 위해 열심히 일하는 덕수와 가게를 물려준다는 고모 그리고 패션계에 거물이 될 남자의 등장. 설정이지만 영화를 보는 또 다른 재미였다. 그 뒤 정말 중요한 영자와의 재회. 이 모든 게 포함된 신이다.

영자의 눈빛도 인상적이다. 화가 나 따귀라도 때려야 하는 상황인데 살짝 기뻐하고 있다. 독일에서 만난 탄광 노동자 덕수. 그의 순수함에 이끌려 머나먼 부산까지 내려와 그를 찾고 있었다. 꼭 다시 만나자는 말은 하지 않았지만 가게 이름을 알려줘 만남을 어렴풋이 약속한 상태다. 덕수의 아이를 임신한 영자는 그 어느 때보다 덕수가 필요한 상황이다. 재고 따지고 그런 시간도 없이 둘은 결혼식을 올리게 된다.

"군복있습니다. 씨레이션 있습니다."

덕수 고모는 지나가는 사람들을 향해 말했다. 씨레이션C ration은 미군이 먹던 전투식량이다. 유통과정 불분명한 미군 제품들이 있었기에 국제시장은 지금까지 살아남을 수 있었다. 미군들이 버리고 간 전투식량, 불쌍하다고 나눠준 초콜릿, 비린내 나는 박스더미. 사람들은 이것들을 주워 모으며 돗자리를 폈다. 당시엔 지금처럼 고객 맞춤형 제품을 생각할 겨를이 없었다. 어떻게든 많이 모아서 하나라도 더 팔아야 했다. 쓰레기 같은 것들도 모아 팔았다. 콜라 병 뚜껑, 루핑 등 버릴 게 없었다. 팔거나 말거나 판잣집을 세우는 데 귀한 물건들이었다.

영화 속 꽃분이네를 자세히 들여다보면 당시 분위기를 알 수 있다. 통조림, 맥주, 미제 과자, 신사가 말한 패브릭. 매력적인 상품은 아니지만 그것들이 덕수 가족을 먹여 살린 셈이다. 할아버지가 된 덕수는 품목을 크게 변경하지 않았다. 수입 양주, 과자, 냄비를 포함한 생필품 등이다. 현재 국제시장에 있는 꽃분이네는 품목이 몇 번 변경된 상태다. 시계, 벨트, 목걸이 등 비싸지 않은 물건들로 진열시켜 놓았다. 잡화점, 이것이 국제시장의 색깔이다. 아무거나 끌어 모아 시작했던 장사가 지금도 행해지고 있다.

　윤제균 감독이 국제시장을 선택한 이유가 있었다. 이곳은 피란민의 삶과 부모님의 헌사가 아직도 남아있는 장소이기 때문이다. 넓게 보면 두루뭉술한 대답이다. 국제시장 맞은편의 깡통시장도 있고, 아래로 내려가다 만나는 자갈치시장도 있으니 말이다. 부산에 있는 대형시장에 덕수와 같은 인물들이 많다. 영화에 익숙해져서인지 모르겠지만 '자갈치시장' 혹은 '깡통시장'이라고 붙여보니 어색하다. 어쩌면 '국제'라는 단어의 이미지 때문인지도 모르겠다. 선진화 바람에 순항을 하던 부산. 감독은 국제시장에서 그 흔적을 찾으려 했다.

　가끔 관광객들이 "국제시장으로 가려면 어디로 가야 하나요?"라며 물어본다. 지금 있는 곳이 국제시장일 때가 많다. 또한 깡통시장에 있으면 "여기가 국제시장인가요?"라고 묻는 사람도 있다. 꽉 막힌 도로를 마주보고 붙어 있으니 헷갈리는 게 당연하다. 지금은 대형 간판이 설치되어 안내를 돕고 있지만 골목으로 이동하다보면 경계선을 찾기가 쉽지 않다.

　상권 이전과정을 살펴보면 이론적으로는 구분이 가능하다. 전후 미군들의 등장으로 번영기를 맞은 두 시장은 취급품목이 거의 동일했다. 하지만 국제시장은 일본인들이 떠나며 남겨진 물건을 거래하던 지역이었고, 깡통시장(부평시장)은 일한시장에 전신을 두고 있으며

국제시장 측면에 설치된 B동 간판. 내부는 마치 미로와 같다

개항으로 늘어난 일본인들이 형성한 시장이다. 체계가 잡혀 있는 부평시장, 공터에서 버려진 물건들을 거래하던 국제시장과는 분명 차이가 있다.

미군들이 들어오며 시장의 모습을 갖추기 시작했다. 도떼기시장이라는 말이 국제시장에서 나온 것은 이러한 상황을 잘 대변한다. 도떼기의 '도都'는 '모두'라는 뜻으로 도매, 도급 등에 사용되는 한자

영화 〈국제시장〉에 등장했던 꽃분이네. 각종 액세서리와 인형 등을 팔고 있다

어이다. 여기에 '떼기'라는 명사를 붙여서 '한꺼번에 많이 구입한다'
는 의미로 통한다.

영화 덕에 꽃분이네가 유명해진 건 좋지만 뒤통수를 맞는 일도 생

옷 한 벌에 천원. 그런가 하면 며칠째 문을 닫은 점포도 있다

겼다. 가게 대박 났겠다며 입을 모으던 사람들의 예상이 빗나갔다. 운영자는 일단 찾아주어 감사하다고 했지만 매출에 직접적인 영향을 미치진 않았다고 한다. 먹거리가 아니기에 구경 한 번 하고 사진 찍고 가는 게 대부분이다. 더욱이 그는 전전세로 장사하는 평범한

상인이다. 다시 말하면 가게 주인의 머리가 복잡해진 것이다.

권리금과 임대료 인상 요구. 꽃분이네가 직격탄을 맞았었다. 시민들의 관심 덕분에 적정 금액으로 중재되었지만 안타까운 소식이었다. 꽃분이네만 그런 것이 아니다. 전국에 있는 많은 점포들이 이러하다. 영화든 뉴스든 유명해지면 거리로 쫓겨날 수 있는 아이러니한 상황이다.

내가 기억하는 국제시장은 덕수와 감정적으로 많이 다르다. 그는 그리움과 기다림으로 국제시장을 찾았지만, 나는 알 수 없는 호기심과 두려움에 시장을 찾았었다. 여드름난 앳된 얼굴에 교복을 입었던 나는 시장 이곳저곳을 돌아다녔다. 끝이 보이지 않는 미로 같은 골목길을 따라 길을 잃기도 했었다. 우리는 스포츠머리를 한 채 멋을 부려본다고 어른스런 옷을 찾아 헤맸었다. 그럴 때면 우리에게 욕설을 퍼붓는 사람들이 있었다.

"XXX들아, 안 사나?"

험상궂게 생긴 아저씨가 옷을 사라고 했었다. 몇 번 손으로 집고 다시 놓으면 곧바로 화를 냈었다. 이들이야말로 내가 기억하는 국제시장의 상인들이다. 덕수가 부리는 고집은 아무것도 아니다. 이 사람들은 삶에 진짜 절실했다. 더럽고 냄새나는 시장에 발길이 끊어지자 점점 예민해진 것이다. 지금은 성질이 많이 죽으셨는지 그저 옷

전자제품 골목엔 휴대용 플레이어인 워크맨과 마이마이를 진열해놓은 점포가 아직도 있다

고 계시다. 요즘 젊은 친구들이 내뱉는 욕은 욕도 아니다. 부산 토박이들이 내뱉는 말투가 매우 위협적이었다.

버스 몇 정거장 사이로 몰려 있는 중, 고등학생들이 하교를 하면 모이는 장소이기도 해서 시비를 붙는 모습도 자주 보았다. 껄렁해 보이는 형들. 교복 입고 주먹대장 노릇 하던 사람들. 그들도 상인들 앞에서 걸리적거리면 곧바로 욕을 먹었다. 무리를 지어 다니면 겁이 날 만도 한데 이 거리의 주인들에겐 씹던 껌과 다를 바 없었다.

2000년 어느 날, 부산국제영화제 덕에 남포동이 떠들썩했지만 국제시장은 크게 달라 보이지 않았다. 하지만 허름한 옷가게 앞을 기웃거리는 사람들이 나타났었다. 그들이 고르는 옷은 아무도 입지 않을 것 같은 쫄티였다. 알록달록한 무늬가 들어간 쫄티. 나의 예상과는 달리 탈옥수 신창원이 입던 옷이라 불티나게 팔리기 시작했다. 국제시장에 있는 어느 옷가게든지 알록달록한 옷들이 진열되어 있었다. 그는 붙잡혔지만 쫄티는 여전히 도주 중이다.

나는 이곳에서 상인들의 절박함을 느꼈었다. 덕수보다 더 어렵게 가게를 운영하던 사람들이 지금도 많다. 나는 관광지로 바뀐 국제시장에 제법 익숙해졌지만 아직 어색한 편이다. 옷가게가 몰린 거리를 지날 때 나에게 웃는 주인들. 아주머니들이 많아졌어도 나를 한 번 쳐다보는 눈빛이 매섭게 느껴진다. 욕하던 아저씨와 알록달록한 쫄티는 없어졌지만 상인들의 절박함은 여전히 남아있다.

 말말말

"(국제시장) 한 번도 안 가봤어요."

배우 김슬기 〈제작발표회〉 (2014. 11. 10)

〈변호인〉, 민주주의를 되새김질하다

부림사건. 말도 많고 탈도 많았다. 영화는 부림을 부독련으로 바꾸며 시작했다. 영화는 당연히 도마 위에 올랐다. 누군가를 추종하는 영화인지 아니면 상업영화인지 말이다. 설마 했던 천 만을 넘기며 흥행했지만 시끄러움은 가라앉지 않았다. 석연치 않음에 대한 이의제기. 영화 한 편인데 시시비비가 빈번했다. 심지어 당시 사건을 판결했던 판사와 관련 인물들까지 언론에 등장하며 진실을 밝히려 했다.

"연기만 했다."

배우 송강호가 무거웠던 입을 뗐다. 아무리 연기를 잘해도 이 배역을 맡으려는 사람은 드물 것이다. 이어질 후폭풍을 생각하면 선뜻 손 내밀기 어려운 상황. 제작진은 송강호와 함께 할 수 있어서 다행이란 말을 했었다. 그렇다. 연기로 봐야 한다. 연기로 보는 대신 부림사건 한 번 되짚어 보는 것까지면 충분하다. 그러면 감독이 말하려고 했던 부분과 송강호가 했던 연기를 동시에 인지할 수 있다.

우석이 인권에 관심을 가지게 된 계기는 부산에서 어떤 학생들을 만나면서다. 57일간 아들의 행적을 알지 못한 어머님. 부산 온 동네를 뒤지다 결국 영도다리 밑에까지 가며 뒤졌다는 얘기를 들었다. 빠져 죽었을지 아니면 잃어버린 사람 만날 수 있다는 기대감을 가지며 말이다. 말도 안 되는 사건을 맡으며 조금씩 꿈틀거리기 시작한 우석. 그는 영화를 빠져나오며 두려움에 맞선다.

현실 속 우석은 1987년 당시 대우조선 열사 이석규씨의 장례식에 갔다오며 부산에서 구속됐다. 최루탄을 가슴에 직격으로 맞은 그를 마음으로 추모하다 변호사 자격정지를 당했다. 그들은 무섭지도 않았는지 정면으로 맞서며 항쟁했다. 그토록 염원했던 게 무엇이었을까? 가만히 시키는 일하고 조용히 있으면 아무 일 없을 텐데 말이다. 전국의 많은 사람들이 위험을 무릅쓰며 이뤄낸 민주화는 지금 어디로 갔는지 궁금하다.

나는 진짜 영화로 만들어졌음 하는 사건이 있다. 한진중공업 사태. 김진숙 지도위원의 크레인 농성. 〈변호인〉을 보다 그녀가 떠올랐다. 2011년 여름, 영도를 가득 메웠던 사람들이 있었다. 말투를 들어보니 경상도 사람이 아니었다. 어디서 온 사람들일까? 서울에서 왔다는 말 대신 희망버스를 타고 왔다고 했다.

희망버스. 다리도 펴기 불편한 고속버스에 사람들은 올라탔다. 쉬고 싶은 주말에 서울에서 집결하여 부산까지 내려왔다. 안면도 없는 사람들끼리 친해졌고, 밥도 잘 먹었다. 그들은 닫힌 공장 문 앞에서 크레인에 올라가 내려오지 않는 그녀를 기다렸다. 노동조합에 가입한 뒤 사측과 소원해진 사람들. 그녀는 그 모든 사람들을 대변하여 크레인에 올랐다.

"크레인에 올라간다는 건 죽으러 간다는 얘깁니다."

그녀가 누군가를 보고 말했다. 크레인에 오르며 뛰어내린 동료들의 요구사항은 오히려 평범했었다. 집에 돌아가 따뜻한 밥 먹으며 아내와 이야기하고, 자식들 손 한 번 잡아보는 게 소원이었던 사람들. 무조건적으로 반항하는 사람들이 아니다. 영화 속 우석이 만약 그들을 만났다면 모른 체 하지 않았으리라 믿는다.

부산의 시위 분위기도 많이 달라졌다. 거센 파도를 계속해서 맞으니 더 이상은 못 참겠다는 사람들이다. 몇몇 사람의 속삭임에서 아우성으로 변했다. 거리로 나온 수많은 사람들. 왜 진작 나오지 않았는지 나무라는 사람 없다. 단지 한 번 와주어서 정말 고맙다며 서로 인사를 건넨다. 교차로를 점거하고서 무엇이라 외친다. 사회를 위해 목소리 내는 사람들. 그들은 영화 속 인물이 아니다. 영화에서 빠져나온 인물들만이 거리로 나올 수 있다.

PART 3

산복도로관

초장동 주택가 → 2.6km → 대신동 88롤라장 → 2km → 초량동 주택가 → 3km →
부산고등학교 (총 7.6km)

축하한다. 니는 완벽하게 꿈을 이뤘다

> 덕수   그라몬 니는 꿈이 뭐였는데?
>
> 영자   저는 멋진 남자 만나서 행복한 가정 이루는 거.
>
> 덕수   축하한다. 니는 완벽하게 꿈을 이라뿐네.
>
> 영자   나는 그래 생각 안 하는데?
>
> (중략)
>
> 덕수   그라몬 니는 내하고 왜 결혼했는데?
>
> 영자   사랑하니까.
>
> 덕수   거짓말이라도 듣기는 좋네. 인자 팔아라.
>
> 영자   뭘요?
>
> 덕수   가게.
>
> 영자   이제 당신도 철들었네요. 예에?
>
> 덕수   인자는 못 오시겠지. 너무 나이드시가꼬.

  영화의 엔딩신. 덕수와 영자가 자신의 집 옥상에 앉아 지나간 세월에 대해 얘기 중이다. 어른이 된다는 건 어떤 의미일까? 자신이 저

지른 일에 책임질 수 있는 사람이라면 어른이라고 했던 어른이 있었다. 그가 어른이 됐는지 모르겠다. 다만 덕수와 영자는 어른으로 불릴 만한 사람이다. 흰머리가 올라오고 주름이 내려 앉아 볼살이 처져도 자신이 맡은 일은 책임진다.

가족을 위해 모든 것을 희생한 덕수. 아버지가 헤어지며 "이제 너가 장남"이라고 한 게 마음에 걸렸는지 죽을 때까지 가족을 챙길 작정이다. 자식들은 고집 좀 그만 부리라며 나무란다. 주먹에 물렁뼈가 내려앉은 덕수라도 목소리만큼은 젊은 사내에 뒤지지 않는다. 쩌렁쩌렁하게 호통치는 걸 보니 백 살도 거뜬해 보인다. 자존심이 센나머지 지기 싫어하는 마음이 강하다. 마음을 편하게 먹으며 지고살 줄도 알아야 하는데 덕수에겐 아직 어려운가 보다. 어린이 같은 어른. 어쩌면 덕수처럼 나무라는 모든 어른이 그런 감정을 숨기고있을지도 모르겠다.

"이쁘니까."

덕수가 낯간지러운 말을 했다. 여든이 훨씬 넘어 보이는 영자 보고 한 말이다. 왜 나와 결혼했는지 궁금했던 영자. 이쁘다는 말에 쌓였던 화가 내려가는지 입꼬리가 올라간다. 아직도 소년 소녀 감성을 지니고 있는 노부부. 나는 헷갈린다. 이들을 보고 있으니 어른과 어린이를 구분하는 게 점점 어려워진다.

영자는 강했다. 자신보다 더 아이 같은 덕수를 챙기느라 정말 고

초장동 산복도로에서 보이는 풍경. 봉래산과 공동어시장이 한눈에 들어온다

생 많았다. 가만히 앉아 있지 못하는 덕수 때문에 눈물만 한 바가지 흘린 사람이다. 탄광에서 막 나와 숨 넘어 갈 것 같은 그 순간. 좋아 한다면서 적극적이지 못한 그 남자. 동생들 위해 월남까지 갔던 철 부지 어른. 나는 바보에다 고집불통인 덕수 곁을 떠나지 않은 속내

가 궁금했었다. 답답함을 넘어 짜증나기까지 했지만 그녀는 한 문장으로 자신이 처한 상황을 정리했다.

"사랑하니까."

확실히 싸우는 건 싫다. 옥상에 앉아 손잡고 영도 앞 바다 바라보고 있으니 정말 좋다. 나는 손도 잡지 않은 노부부를 많이 봤었다. 나이 들어 무슨 꼴불견이냐며 눈을 흘긴다. 그게 뭐냐며 따지는 아내도 있지만 한 발 물러나 준다. 그것도 그들만의 애정표현이다. 티격태격해도 초장동 주택가에서 바다를 보면 마음이 한결 놓인다. 손은 잡지 않더라도 따뜻한 말은 분명 해줄 분위기다.

영도 앞 바다와 송도 앞 바다가 만나는 지점. 물 위에 경계는 없다지만 남항대교가 그 역할을 하고 있다. 매일 아침 국제시장 꽃분이네로 출근했던 덕수와 영자. 그들이 걸어갔다면 남항대교의 낮과 밤을 그 누구보다도 잘 알고 있을 사람들이다.

공동어시장의 연한 초록색 지붕이 한눈에 들어온다. 이 거리의 아무 집이라도 덕수와 영자처럼 소년 소녀 감성을 즐길 수 있다. 까치발을 든 맨션이 들어왔어도 인기가 시들해졌다. 맨션이라는 말에 웃고 지나가는 학생들을 보니 초장동도 고집이 센가 보다. 여러 명의 덕수가 살고 있다. 재개발이니 뭐니 해도 영도 앞 바다가 보이지 않으면 안 된다고 으름장을 놓는다. 이사 가는 사람도 없고, 이사 오는 사람도 없다. 빗물에 반쯤 찢겨진 빌라 급매 종이만 땅에 돌아다닐

주거환경이 열악한 초장동 주택가의 반 지하 창문 밖으로 물이 고여 있고, 창문 안쪽엔 생선이 걸려 있다

뿐이다.

이곳엔 목마장이 있었다고 한다. 계단식 지형에 목마를 키웠다니 의심도 든다. 물 깨끗하고 따뜻한 영도로 옮겨간 뒤 서운했는지 이름만 남았다. 초원이 많다고 붙여진 이름 초장동. 천마산 밑이라 가팔랐는지 왜관의 흔적은 보이질 않는다. 자리 잡은 사람들이라고 해봐야 어쩔 수 없이 하꼬방에 살아야 했던 피란민이다. 자갈치시장에서 돈 좀 모으려 했던 아지매들과 신발공장에 다니던 노동자들. 부산 여기 저기 가야 했던 사람들이 잠잘 곳을 찾아 이곳까지 올라온 것이다.

공동어시장이 있어 눈길은 한 번 더 가지만 초장동 주민들은 시

초장동 산복도로 주변 모습. 집의 지붕을 주차장으로 쓰는 곳이 많다

큰둥하다. 감천동이 문화마을로 바뀌며 자극받을 만도 한데 한숨 한 번 내쉬지 않는다. 사라진 고분 때문일까? 주택이 들어서며 함께 사라졌다는데 아직 미련을 가진 사람들도 있다. 집 아래 어딘가에 묻혀 있을 수 있다는 학자들의 추측. 가능성 있는 얘기라 그런지 떠나지 않겠다는 사람도 많다.

개인적으로 초장동의 산복도로를 좋아한다. 망양로의 환상적인 뒤태도 좋지만 이곳에선 훔쳐보는 재미가 있다. 산복도로와 맞닿은 주택가의 옥상들. 옥상을 주차공간으로 활용한 아이디어가 돋보인다. 도로의 수평선과 주택가 지붕의 눈높이를 맞추어 용돈벌이 하신다. 창살이 높은 집도 있고, 낮은 집도 있다. 전망 좋은 곳을 찾아도 눈치만 보고 돌아갈 뿐이다. 덕수가 본 광경을 보고 싶다면 낮은 창살의 주차장을 잘 찾아야 한다. 월 주차 환영. 좁은 공간이라 주차가 힘들어 보이는데 바짝 붙인 운전 솜씨에 감탄이 절로 나온다.

이 거리의 진정한 베스트 드라이버는 버스 기사님이다. 굽은 도로에 오르막길이 많아 웬만한 실력으론 어림없다. 롤러코스터 같은 코스를 지나면 왕복 2차선 도로를 가득 메운 차량들. 옥상에 가지 못한 나머지 길가로 나왔다. 버스 한 대 겨우 지나갈 자리인데도 기사님은 콧노래를 부른다. 마주치는 차든 바짝 붙어 뒤따라오는 차든 문제없어 보인다.

요리조리 잘도 피해 간다. 도로가 좁을 때는 액셀을 천천히 여러 번 나눠 밟으며 조심스레 이동하고, 도로가 넓어지면 클러치를 밟아가며 기어 바꾸기에 바쁘다. 나는 이 광경이 보고 싶어 일부러 앞좌석에 앉는다. 초장동의 풍경을 뒤로 한 채 내리려던 정류장을 지나친 것도 한두 번이 아니다. 버스에 탄 어르신들도 동요하지 않는다. 급커브에 흔들려도, 급정거에 발이 떨어져도 내리기 전엔 일어서야 한다. 기사님이 앉으래도 쳐다보지도 않는다. 덕수와 영자보다 더한

초장동 산복도로에서 보이는 야경. 비프 존에서 남항대교까지 불빛이 환하다

할머니와 할아버지들. 문제없다며 손사래 치고선 안전하게 하차하
신다.

덕수네 집은 천마로와 해돋이로 중간 지점이다. 집에 갈 수는 없
으니 해돋이로에 올라갔다 천천히 내려오면 영화 속 장면과 비슷한
위치에 도달할 수 있다. 조그만 절들에 가려져 안 보일 때는 길을 잘
못 든 것이다. 골목길이 많아 길을 잃었다면 지나가는 어르신들에게
물어보는 방법이 최고다. 지도에도 표시되지 않는 길을 가르쳐 주신
다. 우리가 찾는 길이다. 그 길 따라 가면 덕수와 영자의 눈높이에
비슷하게나마 맞출 수 있다.

 말말말

"저희 아버지 성함이 윤덕수가 맞고, 어머니도 집에서 부른 이름이 오영자입니다."

감독 윤제균 〈쿠키뉴스〉 (2014. 11. 24)

진숙아, 니 참말로 오랜마이네

– 흥겨운 롤라장. 음악이 흘러나온다. 롤라를 잘 타지 못하는 진숙의 팔을 잡아
  주는 상택. 저 멀리서 진숙을 힐끔거리는 양아치들이 담배를 피고 있다.
학생   진숙아? 니, 존나 오랜마이네.
진숙   꺼지라.
학생   씨발년아, 니가 언제부터 여기 왔다고 지랄이고?
– 진숙과 양아치는 실랑이를 벌인다. 멀리서 지켜본 상택은 양아치를 향해 달려
  든다. 그는 도루코 칼을 꺼내며 상택을 위협한다. 진숙은 친구의 도움으로 자
  리를 뜬다.
학생   (쓰러진 상택을 향해 비웃으며) 뭐하노 씨발놈아, 일나라, 새끼야.
– 잠시 뒤 동수, 준석, 중호 등장. 동수는 양아치의 가슴을 발로 찬다.
동수   쳐바, 쳐바 이 씨발놈아. (스패너를 건네 받으며) 이런 건 뭐할라 갖
        고 댕기노?

롤라장, 이름만 들어도 추억이 떠오르는 그곳. 유로 댄스 음악에
몸이 절로 빨라진다. 블론디의 〈Call Me〉에 맞춰 어깨를 흔드는 학

생도 있다. 롤라용 신발은 여러 사람이 신어 늘어나도 처음이라면 발이 아프다. 30여 명의 학생 중 롤라에 어설픈 사람은 진숙이 유일하다. 한 발 한 발 내딛는 게 꼭 쓰러질 것만 같다. 상택은 며칠 전 진숙이 해준 뜨거운 키스 때문인지 괜스레 얼굴이 빨개진다.

상택은 공부만 하는 줄 알았는데 롤라 타는 솜씨가 예사롭지 않다. 코너웍도 좋고 스피드도 조절 가능해 중급 이상이다. 진숙은 그의 숨겨진 롤라 실력에 조금 놀란 상태다. 그 순간 구석에서 담배 피던 양아치가 등장했다. 진숙과 아는 사이인지 다짜고짜 친한 척이다. 오랜만이란 말에 갑자기 꺼지라고 하는 진숙. 그녀에겐 다시 만나고 싶지 않을 만한 사건이 있었을 게 분명하다. 아무튼 꺼지라 했으니 자존심 상한 양아치는 진숙의 팔목을 잡아끈다. 그는 롤라를 대여하지 않았는지 새까만 신발을 신고서 힘을 주고 있다.

나는 그들이 어떤 사이인지 궁금했다. 진숙은 도루코의 사촌이다. 준석과 도루코가 아는 사이라 서로 인연이 생긴 건 이해된다. 그런데 촉새 같은 양아치는 어떻게 알게 된 것일까? 그들과의 만남은 개교기념일에서가 전부인데 말이다. 남항여고 제21회 개교기념일. 〈연극이 끝나고〉를 열창하던 진숙이 눈에 들어온 건 네 명의 친구만이 아니었다. 양아치들도 객석 앞에 앉아 예쁜 그녀의 얼굴을 뚫어져라 쳐다보고 있었다. 영화엔 나오지 않았지만 호감이 있어 괴롭히는 게 분명하다.

청학공고 양아치들과의 악연은 그렇게 시작됐다. 적당히 때리고 갔으면 극장에서 패싸움은 면했을지도 모른다. 동수의 발길질에 튕겨져 나가는 게 안쓰럽기도 했다. 같은 고등학생인데 덩치가 훨씬 작은 양아치들. 그들이 있었기에 음침한 롤라장의 분위기가 제대로 살아났다.

나는 산복도로를 타다 롤라장에 들렀다. 멀리 돌아가지 않으려는 이유도 있지만 잠시 친구들 생각이 났다. 그들이 놀던 이곳은 대신동 문화아파트에 위치한 88롤라장. 구덕운동장 앞이라 사람들이 정말 많았다. 곽경택 감독 시절의 학생들 분위기와 다르긴 했지만 음침한 건 달라지지 않았다. 안타깝게도 IMF를 겪으며 부산의 롤라장들은 도미노처럼 넘어졌다. 흔적도 남기지 않고 사라진 롤라장을 추억하는 사람들이 아직 이곳에 살고 있다.

대신동 문화아파트 지하 1층 88롤라장. 올림픽 특수에 교차로 아스팔트가 재포장되었다고 하는데 그 영향 때문일까? 롤라장 이름을 외우기 쉬웠다. 알려진 바로는 이곳이 그나마 보존이 잘 되어 있어서 촬영팀이 찾았다고 한다. 섭외한 엑스트라들이 의외로 롤라를 잘 탔었고, 촬영 감독 또한 롤라를 타며 찍었다고 한다.

곽경택 감독이 이곳을 선택했다는 건 유명한 롤라장들의 형편이 좋지 못했을 가능성이 높다. 자갈치에 있는 신천지백화점 지하, 남포동 안쪽에 있던 유나백화점 지하. 다른 구민들까지 놀러왔을 정도

대신동 문화아파트 주변. 오래된 상가가 여전히 성업 중이다

로 알려진 롤라장이었다. 아기자기한 인테리어도 없었다. 유로 댄스
가 흘러나오면 잠시 쉬었다가 몇 바퀴 도는 게 전부였다. 사람이 많
을 땐 줄을 서야 했다. 오래 기다리다 보면 촉새 같은 친구들과 시비
붙은 사람도 있었다.

88롤라장이 있던 큰 공간은 다용도 점포로 활용되고 있다

　나는 88롤라장엔 가보지 못했다. 당시 이곳에 갔었던 아는 형은
공간이 크지 않아 자주 부딪혔다는 말을 했었다. 그때는 아무렇지
않았는데 지금 보니 건물 외부부터 벌써 으스스한 분위기가 난다.
지하 1층도 못 가 출입구 근처에서 촉새가 튀어나올 것 같다.

　쌀쌀한 날씨라 더욱 스산한 분위기의 아파트. 나는 경비 아저씨
를 통해 사라진 롤라장의 내용을 대강 들을 수 있었다. 간판이 몇 번
바뀌며 지금은 물품 보관 창고로 남아있다고 한다. 오랫동안 문화아
파트를 지키신 아저씨는 롤라라는 이름이 반가웠는지 기분좋아하셨
다. 사람도 많이 왔기에 관리가 힘들었다고 말씀하셨지만 분명 그리
워하셨다.

　스포츠용품 파는 집은 몇 십 년이 지나도 그대로 있다. 지나가며
보이는 건 하나도 바뀌지 않은 느낌이다. 세운상가에 있을 법한 방

대신동의 구덕야구장과 주변의 오래된 주택가. 최동원 소개글이 인상적이다

한 칸의 전자회사, 철학관, 철물센타 그리고 어르신들의 놀이터가 된 구덕운동장. 부자 동네 구경하러 가던 시절은 지났나 보다.

내가 어릴 적엔 이곳은 부자 동네의 말로라 불렸었다. 해운대 신시가지니 종합운동장이 있는 사직동이니 해서 떠들썩했을 무렵이었다. 떠나지 않고 남아버린 사람들은 어디로 갔는지 허름한 가게에 누런 외벽의 주택가만 보인다.

대신동, 일본인들이 지어준 지명을 직역하면 새롭고 큰 동네다. 이름 때문인지 후광 효과 덕에 구경하러 오던 사람도 있었다. 물론 그 중에 나도 포함된다. 엄밀히 말하면 서대신동과 동대신동으로 구분된다. 흔히 대신동이라고 말해서 그렇지 해방 전부터 나눠진 동네다.

아래에 법원, 그 밑에 남포동, 뒤에 승학산 그리고 구덕운동장. 택시 타고 운동장이라고 말하면 대답도 없이 롤라장 앞에 세워줬을 정도였다. 지금은 재건축 소식이 간간이 들려오지만 이렇다 할 결과는 없다. 단지 다른 지역으로 넘어가기 위한 램프 역할만 하고 있다. 아침 저녁으로 빵빵거리는 자동차들. 구덕터널, 부산터널로 넘어가기 위한 차량들로 혼잡하다. 이 거리의 차들은 이제 서로 눈치만 보는 것 같다. 어느 타이밍에 차선을 바꿀지 고개만 내밀다 신호가 바뀐다.

나는 88롤라장 대신 구덕운동장에 자주 갔었다. 대우 로얄즈라는 부산 연고의 축구팀이 있었다. 주말이면 구덕운동장엔 아저씨들이 많이 모였었다. 가족 단위는 적었고 거무튀튀한 남자들만 많았던 기억이 난다. 버스 타는 것도 생소했던 나이지만 축구가 보고 싶었다. 안정환, 이동국, 고종수. 언론에선 이 세 명을 세기의 스타라며 띄워주기 시작했다. 덕분에 축구가 재밌어지자 부산도 야구를 넘어 축구의 시대가 오리라는 몽상가들이 점점 생겨났었다.

중학교에 올라가며 축구 인기는 시들해졌다. 2002년 월드컵 이전이었지만 해외축구를 방영하던 스포츠 채널이 있었다. 대우 로얄즈에서 느낄 수 없었던 실력과 긴장감에 나는 넋을 잃고 말았다. 친구들과 더 이상 구덕운동장을 찾지 않았다. 일요일 저녁, 해외축구 하이라이트가 더욱 기다려졌으니 말이다.

그나마 인연을 이어준 건 중학교 야구부였다. 내가 다니던 중학교에 야구부가 있어 이곳으로 단체 관람 왔었다. 서대신동 지하철역에서 난간을 몰래 뛰어넘던 친구들. 호루라기 소리가 들리면 멈추기는 커녕 더 빨리 도망갔었다. 그렇게라도 오고 싶은 곳이었다. 사직으로 프로팀이 떠나며 학생들의 전유물로 전락했지만 재미는 확실히 보장됐다. 느릿느릿한 직구에 우리는 목이 쉬어라 응원하며 침을 뱉었다.

나와 친구들은 서면에서 롤라를 탔다. 남포동 롤라장들이 무너지

구덕운동장의 텅 빈 관중석과 외벽. 여전히 응원의 함성이 들려오는 듯하다

며 사라졌지만 그래도 꽤 오래 버티던 곳이었다. 부전시장 뒤편에
있던 서면종합시장. 예쁘장한 누나가 있어 남학생들이 많았다. 이
곳에 들어갈 때면 가슴이 쿵쾅거렸다. 처음 들어보는 팝송에 고개
를 흔들고 있으면 유식해 보인다는 친구의 억척스런 속삭임도 기억
난다.

촉새처럼 불량해 보이는 형들도 많았었다. 어렸던 우리는 최대한 눈에 띄지 않으려 노력했다. 그런 우리들의 모습이 불쌍했는지 사장님은 일부러 말도 걸어주시며 친절하게 대해주셨다. 롤러를 타다 지치면 뒤쪽에 비치된 댄스 경연장 의자에 앉았다. 그곳에선 대학생으로 보이던 누나가 브레이킹 댄스를 췄다. 너나 할 것 없이 예쁘장하게 생긴 누나의 아름다운 몸동작을 보기 위해 뒤를 서성였다.

상택이 이곳에서 롤라를 탔다면 더 재밌었을 텐데 아쉽다. 스피드 롤라라고 해서 안전 받침대가 없는 신발이 있다. 그것을 신으면 엉덩방아도 많이 찧지만 스릴은 만점이었다. 상택 정도면 거뜬히 소화해낼 것이다. 그리고 진숙의 손도 더 많이 잡았으리라 본다.

 말말말

"(진숙은) 386세대가 좋아하는 촌스러운 얼굴."

감독 곽경택 〈씨네21〉 (2001. 4. 3)

니 옆에 있던 따라. 니꺼가?

> 준석 나는 니가 한 번 올 줄 알았다. 딸내미들 말고 내보로.
>
> 상택 미안하다.
>
> 준석 아이다. 친구끼리 미안한 게 어데 있노? 중학교도 니캉 같이 댕깄
> 으면 좋았을긴데. 니 하고 댕깄으몬 우등생 됐을 거 아이가?
>
> 상택 그라몬 지금이라도 다시 공부 시작하면 될 거 아이가?
>
> 준석 누구할래?
>
> 상택 뭐?
>
> 준석 딸래미. 셋 중에 하나 골라 봐라.
>
> 상택 니 옆에 있던 따라. 니꺼가?
>
> 준석 (한 번 웃으며) 진숙이? 아니.

준석의 넓은 마음이 드러난 장면이다. 곽경택 감독이 말하길 정작
중요한 순간엔 서로의 곁에 없었다고 한다. 준석의 아버지가 돌아가
셨을 때와 자신이 미국으로 떠났을 때 말이다. 친해서 붙어 다니다

학교가 달라져 마음이 멀어진 상태다. 학창시절 그런 경험 누구나 있을 것이다. 중학교든 고등학교든 새로운 학교나 새로운 반에 가면 그곳에서 또 다른 인연을 만나게 된다. 그렇게 만난 사람들끼리 또 뭉치고, 다시 예전 친구들 챙긴다고 얼굴 한 번씩 본다. 한 번 친구라고 생각했으니 가능한 일이었다.

"아이 씨발 와이리 시끄럽노."

상택이 화가 났다. 자신을 무시하던 준석에게 기분이 상했다. 학교 짱이던 준석 앞에서 그렇게 욕을 할 수 있는 사람은 많지 않아 더욱 놀라운 상황이다. 범생이라서 전교에서 만날 몇 등씩 한다며 우리와 다르다고 비아냥거리는 건 참았다. 하지만 유치한 손수건 들고 다닌다고 하는 말에는 도저히 참을 수 없었던 모양이다.

준석이 그렇게 말한 이유는 상택의 무관심 때문이었다. 학교 선생님께 뺨을 맞다 화가 난 준석은 학교로 돌아오지 않았다. 그 뒤 한 번이라도 자신을 찾아주지 못한 섭섭함. 일부러 비꼬려는 건 아니었지만 여자들 보러왔다니 괘씸했을 것이다. 친했으니까 더 섭섭하고 그렇다. 비록 그들만의 대화법이지만 분위기상 공감되는 부분이다.

옥상에 올라가 드디어 속내를 털어놓는 준석. 미안하다고 사과하는 상택. 하지만 친구끼린 그런 게 없다. 친구는 친구다. 섭섭할 때도 있고, 화 날 때도 있지만 다시 웃어주는 게 친구 사이다. 준석은 어깨를 툭 치는 대신 누구를 원하는지 물어본다. 눈대중으로도 준석

과 진숙이 짝인 게 보이는데 상택은 물러나지 않았다. 상택은 준석이 여전히 편하다. 누군가에겐 무서운 학교 짱일지 모르지만 그에겐 해변에서 함께 놀았던 친구 그 이상도 그 이하도 아니다.

드넓은 풀밭으로 뒤덮였던 땅, 초량. 아무리 밟아도 사라지지 않은 게 잡초인데 그것마저도 남아있지 않다. 레고 블록들이 풀밭을 뒤덮고 있다. 준석과 상택이 대화하는 장소는 초량동의 어느 주택 옥상이다. 촬영 협조를 한 것이라 집 주변을 기웃거리기에 미안한 마음이 들었다. 나는 더 높은 곳으로 올라가 초량 일대를 보고 싶었다.

초량의 꼭대기엔 민주공원이 있다. 꼭대기라 시원하게 내려다보일 것 같지만 근처 아파트에 조금 가려서 아쉽다. 최적의 장소라면 민주공원 앞 삼거리 입구에 세워진 전망대. 멍하니 서서 내려다보고 있으면 아무 말이 안 나온다. 어떤 말을 해야 할지, 무슨 생각을 하고 있는지 관심이 없다. 그저 바라보기만 할 뿐이다. 차량들이 천천히 이동하는 이유가 이 때문이지 않을까? 나는 창밖으로 보이는 풍경에 내리고 싶다는 충동을 언제나 받고 있다.

민주공원 아래 어디든 괜찮다. 너나 할 것 없이 사진 찍는 사람들을 만난다. 도도하게 걸어가는 사람들은 이곳 주민이다. 이 풍경에 아무런 감흥을 느끼지 못하는지 어디론가 가버린다. 오래된 주택가들. 전쟁이 만들어낸 판잣집이 엄청나게 성장한 셈이다. 고층 빌딩 부럽지 않은 전망. 매일 보면 지겨울지라도 지나치다 한 번이라도 거스르면 찝찝한 기분이 드는 곳이다. 감탄이 끝났다면 속 얘기가 절로 나온다. 옆에 있는 누군가에게도 내가 느낀 감정과 같은지 확인해보고 싶어진다. 준석도 그런 기분이 틀림없다. 그는 애초부터 말 하지 않을 수도 있었던 섭섭함을 꺼내었다.

판잣집이 생기기 전엔 여관들로 가득했었다. 초량 왜관, 일본 상인들이 머문 장소다. 조선 태종 7년, 무질서하게 입국하는 왜인들의 통제가 필요하던 시점이었다. 태종은 부산포에 왜관을 설치하며 교역의 장소로 삼았다. 말이 교역이지 결국엔 노략질로 끝났다. 교역을 위한 출발점인데 왜구의 침략을 가장 먼저 마주하리라 생각은 했을까? 좌천동에 설치된 왜관은 교역이 활발해지며 수용인원을 초과하게 된다. 그렇게 옮겨간 곳이 초량 일대다.

정확한 위치라면 용두산 주변으로 동관과 신관이 있었다고 한다. 바다 앞까지 이어진 숙박시설. 좌천동에서 시작하여 꽤나 멀리 이동한 셈이다. 노략질을 두 눈으로 보고도 소탕하기 어려웠던 시절. 그들이 이 넓은 일대를 누비고 다닐수록 가지고 싶다는 마음이 들었나 보다. 두 차례에 걸친 임진왜란으로 죄 없는 백성이 목숨을 잃었다.

초량 왜관이 남긴 건 노략질과 무역 말고도 요리사가 있다. 부산역에 내려 초량 일대로 올라가다 보면 무수히 많은 음식점들이 눈에 들어온다. 역 주변이라 상권이 형성된 것도 있지만 그 뿌리가 조금 다르다. 작디 작은 음식점들은 모두들 자신이 원조라고 말한다. 원조라는 말에 경쟁력이 없었는지 전통집이라 말하는 사장님도 계신다.

이 거리의 모든 음식점 중에서 원조 아닌 가게가 없다. 같은 음식이라도 누군가 시작을 했으니 퍼져나갔을 게 분명하다. 아마 잊어버렸나 보다. 이유를 찾다 보니 뜻밖의 요리사들이 등장했다. 오성급 호텔, 유명 레스토랑의 쉐프가 아니다. 그들은 허름한 여관의 요리사들이었다. 일본인들은 배에서 내리자마자 그들을 찾았다.

왜관 요리사, 이들은 초량에 판매되는 모든 음식들의 어머니이자

초량동의 흔한 골목길 모습. 작은 음식점이 다닥다닥 붙어 있다

아버지다. 상급 관리의 식사를 준비하던 전문 요리사 대신 직접 밥을 해먹는 일본 상인도 있었다고 한다. 생선이나 채소와 약간의 쌀을 구입하여 남자만의 요리를 만들었던 일본인들. 또 그들을 상대하며 두부와 떡 그리고 술을 판매하던 잡상인들까지 등장했다. 음식을 만드는 사람만 바뀌었을 뿐 원조 요리사들의 정서는 여전히 남아있다.

준석과 상택이 내려다 본 곳은 대부분 영주동 일대다. 나는 민주공원에 잠시 앉았다 가던 날도 있었고, 저렴한 커피를 마시며 초량 일대를 내려다 본 적도 많았다. 그때마다 이곳에 집을 구매하고 싶다는 생각을 했다. 삶의 출발점이 아닌 잠시 쉬어가는 곳으로 말이다. 내가 데려온 친구들도 우스갯소리로 살고 싶다는 소리를 했었다.

한 가지 의문이 드는 건 준석은 영주동에서 집을 어떻게 구했을

영주동 끝에 북항이 있다. 그 뒤로 부산항대교가 보인다

까? 중호가 말하길 분명히 이번 주 일요일에 레인보우 친구들과 도
루코가 준석이네 집에서 모인다고 했다. 언제부터인지 모르지만 그
는 혼자 살고 있었다. 어릴 때 철문 밖에서 준석을 기다리던 그 집이
아니었다. 친척집인지 아니면 하나 더 얻었는지 나오진 않는다. 옥
상을 제외하면 내부는 매우 칙칙한 분위기다. 작은 방을 가득 메운
담배연기 속에 아름다운 초량 일대는 보이지 않았다. 옥상과 달리

집안에선 서로 싸우기 위해 불꽃이 튀었다.

"니 무라고 부른 거 아니다."

"내는 니 시다바리가?"

동수가 준석을 쏘아보며 말했다. 상택의 편의를 봐준 준석이 마음이 들지 않는 동수. 준석의 어깨를 한 번 잡아보지만 이내 주먹에 힘을 뺀다. 혈기왕성한 나이라 예쁜 진숙이 눈에 들어오는 건 당연하다. 작은 집에서 벌어진 이 별거 아닌 일들은 〈친구2〉에서 크게 작용한다. 곽경택 감독은 이 장면부터 속편의 이야기를 풀어내기 시작했다. 화가 난 동수는 이 날 결국 레인보우의 혜지를 임신시키며 시다바리의 설움을 풀어냈다.

몇 년이 지나도 이 분위기는 바뀌지 않았다. 대학생이 된 상택과 중호는 준석의 집을 찾는다. 중호와 함께 녹슨 문을 두드리자 진숙이가 나와 반겨준다. 약 기운에 몸을 떨고 있는 준석. 그리고 오랜만에 만난 첫 키스 상대 진숙. 예상은 했지만 막상 준석과 진숙이 같이 살고 있음을 확인한 상택의 눈빛엔 실망감이 감돈다.

"술 한 잔 사도, 대학생하고 데이트 한 번 해보자."

집 앞 계단에 앉아 담배를 피우는 진숙이 말했다. 준석과 동거를 하며 있었던 일들. 기쁜 일도 있었겠지만 슬픈 일이 더 많았는지 돌

영주동 야경. 어둠이 깊어갈수록 더 빛나 보이는 도시의 밤

아가지 않겠다고 말한다. 영주동의 흔한 분위기다. 좁은 골목길에 뛰노는 아이들. 계단에 앉아 말없이 시간을 보내는 어르신들. 진숙과 다른 게 있다면 긴 세월의 흔적 뿐. 고단한 삶을 표현하는 방법은 비슷하다.

　젊은이들이 떠나서 횅한 분위기도 들지만 내려다보는 풍경을 싫어하는 사람 아직 못 봤다. 준석이가 상택에게 그랬던 것처럼 자존심을 조금만 숙였더라면, 진숙의 손을 잡고 한 번이라도 옥상에 올라갔다면 그렇게 떠나가진 않았으리라 본다.

 말말말

"니가 성공할 수 있다면야 내 얘기를 얼마든지 이용해 먹어도 나는 좋다."

준석 역의 실제 주인공 〈동아닷컴〉 (2001. 3. 15)

아버지 뭐하시노? 말해라, 아버지 뭐하시노?

담임 아버지 뭐하시노? 말해라, 아버지 뭐하시노?

동수 장의삽니다.

담임 장의사? 그래 이놈아. 느그 아버지는 죽은 사람 염해가며 공부시
　　　키는데 공부를 이 꼬라지로 하나? 으이?

— 동수 뺨을 때리는 담임. 눈빛이 마음에 안 들어 한 번 더 때린다.

담임 아버지 뭐하시노? 말해라, 아버지 뭐하시노?

준석 건달입니다.

담임 (시계를 풀며) 하, 이 새끼가. 이 새끼, 이 새끼, (발로 밟으며) 좋겠
　　　다, 좋겠어, 너거 아버지 건달이라 좋겠다.

준석 (밟히다 일어나며) 누가 좋다했습니까? 동수야 가자!

— 화가 난 준석은 동수와 함께 교실 문을 열고 사라진다.

담임 자 저거 아버지가 진짜 건달이가?

학생 우리 학교 통인데예. 젤 잘 치는데예. (중략) 선생님 실수하셨는
　　　데예.

통, 경상도에선 짱으로 통하는 단어다. 또한 싸움을 '잘 한다' 대신 '잘 친다'라고 표현한다. 학교에서 통이라 불리는 친구들은 유명한 싸움꾼이다. 남녀공학이 많지 않았던 시절. 영역 싸움을 하는 친구들이 많았다. 자기 밥그릇을 지키는 건 어른이나 어린이나 크게 다르지 않았다. 방법이 다를 뿐 맥락은 일맥상통하다. 어릴 적 운동을 잘 하던 친구들 중 프로 선수가 된 경우도 있다. 그렇다면 주먹솜씨 좋던 친구들은 어떨까? 졸업한 뒤, 학교 통이었던 친구가 조직생활을 시작했다는 소문도 들렸었다.

비록 영화지만 통인 친구들을 상대하기란 쉽지 않았을 것이다. 사실 매우 진지한 장면인데 패러디가 거듭되며 방송용 개그 소재로 전락했다. 담임선생님이 유명해져 더욱 회자되는 장면. 선생님이 무서웠던 시절인데도 준석은 아랑곳 하지 않았다. 박차고 일어나며 매섭게 노려보았지만 그는 주먹질을 참아냈다. 준석은 혼자 가긴 싫었는지 친구를 불렀다.

"동수야 가자!"

곽경택 감독은 부산고등학교를 졸업했다. 그러한 연유로 자신의 모교를 찾다보니 편하게 연출했다는 후문이 있다. 얼마 만에 방문했을까? 그는 이곳에 앉아 준석을 회상했다. 실제로도 굉장히 알아주는 싸움꾼인 준석. 곽경택 감독이 본 준석은 내가 생각하는 통들보다 훨씬 수준 높은 실력을 가졌을지도 모르겠다.

자주 패러디된 장면 말고 나의 친구들이 자주 흉내 낸 장면이 있었다. 동수와 준석이 나가고 난 뒤 담임을 바라보는 학생이 있다. 제일 앞에 앉은 까까머리 학생은 선생님께 실수를 했다며 비아냥거린다. 기분이 상한 담임은 분을 참지 못하고 여기저기 주먹질을 해댄다. 성에 안 찼는지 발도 올렸다가 교탁 위에 있는 가방을 들어 때린다. 때리는 게 익숙한 시절이라 선생님의 손찌검에 아무도 나서지 못한다.

부산고등학교는 부산에서 명문으로 통했다. 내가 졸업한 고등학교가 아니라 특별한 추억은 없다. 고등학교 야구경기를 간간이 볼 때면 좋은 성적을 내던 학교. 유명한 야구선수를 많이 배출한 학교. 내 기억 속엔 그렇게 자리잡아 있다. 또한 학교에서 곧장 내려오면 만나는 육거리 식당. 유명한 맛집들이 옹기종기 모여 있는 이 거리에 자주 온 게 전부다.

부산고등학교와 산복도로는 직접적인 관련은 없다. 사실 애매한 위치에 있다. 망양로 산복도로까지 올라간 것도 아니고, 부산역 주변 맛집 사이에 있는 것도 아니니 말이다. 내가 선택한 이유는 초량 일대를 지나다 내려다보고 싶은 위치에 있어서다. 산복도로 분위기는 지금과 크게 다르지 않지만 부산항대교의 등장은 특별하다. 부산고등학교 뒤로 올라가면 부산항대교가 시원하게 눈에 들어온다. 나는 이 장면을 놓치고 싶지 않았다.

망양로 산복도로 풍경. 하꼬방촌이 바다 앞까지 뻗어 있다

교실에 앉으면 뱃고동 소리와 갈매가 울음소리가 들릴 게 분명하다. 부산고 학생들은 행운아다. 창문만 열면 부산항대교를 볼 수 있으니 말이다. 저 멀리서 일부러 시간 내어 보러 오는 사람들에 비하면 운이 아주 좋은 편이다. 촬영 당시만 해도 부산항대교는 태어나지 않았었다. 그때 대교가 있었다면 창문을 열어 고민하는 신이 추가됐을 수도 있겠다.

나는 이곳에 올 때마다 하는 행동이 있다. 오른손을 앞으로 쭉 뻗어 레고 블록을 만지작거린다. 판잣집이 작은 벽돌집으로 변모하며 장난감 집처럼 보인다. 어릴 적 레고 블럭을 가지고 놀던 게 떠올랐다. 영주동에서 만지던 블록과는 또 다른 느낌이다. 나는 나이가 차며 가지고 놀던 레고를 동네 아이들에게 몽땅 넘겨주었다. 그 뒤로 레고를 만져보지 않아 감회가 남다르다. 조그마한 블록을 집게손가락으로 집으며 나만의 도시를 건설했었다. 내가 살 집을 만들고, 친구들을 태울 큰 배도 만들었다. 해적선이라며 엄마에게 달려가 보여주곤 했다. 잠자기 전, 나의 작품 감상을 위해 TV 위에 전시하며 한동안 흐뭇했었다.

그 시절로 돌아가 하나 집어본다. 집을 다 옮겼으면 색칠을 할 때다. 세월의 흔적을 지우고자 수채화 물감을 가져온다. 색칠하다보면 어느새 바다 앞까지 도착한다. 망양로에서 만들 수 있는 도시는 여기까진가 보다. 더 이상은 안 된다며 파도를 일으키는 바다가 얄미워진다.

전망대에서 바라본 골목길 또한 얘깃거리다. 달동네의 많은 골목들이 물줄기처럼 변해 부산항으로 향한다. 나는 비가 오는 날 일부러 이곳을 찾은 적이 있다. 시원한 빗줄기에 골목은 강으로 변해 있었다. 그래도 멈추지 않던 비에 놀라는 사람은 아무도 없었다. 비탈길에 홍수 걱정하는 사람 없지만 일거리가 없다며 투덜대는 사람은 있었다. 철문을 힘겹게 열더니 담배 한 개비를 입에 무는 어르신. 계단에 걸터앉아 내천이 되어버린 골목길을 지그시 쳐다본다.

산복도로의 피날레는 이곳이 아니다. 더 웅장하고, 더 놀랄 만한 장소가 있다. 구불구불한 산복도로 여행은 역시 버스가 최고다. 나는 아무 버스나 타고 수정 2동에 자주 내렸었다. 백문이 불여일견. 더 이상 할 말도 없다. 피카소가 그려도 이렇게 그릴 수 있을까? 구획정리된 주택들이 어우러져 있다. 학교, 주택, 상가, 빌라들이 모여 따스한 햇살을 받고 있다.

비뚤해진 도로는 누군가 손으로 그렸나 보다. 저 멀리서 채소를 가득 실은 트럭 운전수가 아주 조심스레 골목 사이를 이동 중이다. 나만 알고 있는 비밀의 장소를 만들기 위해 근처 옥상에 올라갔다. 사진작가라도 된 듯 과감하게 셔터를 누르는 내 모습에 누군가의 시선이 느껴진다. 뭐라고 하실 줄 알았는데 "저기 위로 올라가야 잘 보

낡은 주택가 골목을 따라 시멘트자국과 쇠창살에서 흘러내린 녹물이 눈에 띈다

이지"라는 말에 감사의 인사를 건넸다.

밤에 오면 햇빛 대신 가로등 불빛에 춤추는 골목들의 향연을 만끽할 수 있다. 만약 산복도로를 이동하다 단 한 번도 내리지 않았어도 수정아파트를 지나는 순간 멈추게 될 게 분명하다. 창밖을 보다 자신도 모르게 눌러버린 하차 벨. 레고 블록을 쌓고 그림 조금 그리다 오면 된다. 그 이상 할 수 있는 일이 떠오르지 않는다.

수정아파트에서 보이는 동구 일대의 낮과 밤

　내가 다니던 고등학교엔 준석 같은 친구는 없었다. 통은 있었지만 저렇게 강렬했던 사람은 아니었다. 패싸움으로 유명한 중학교 출신이라 이목이 집중됐지만 이내 사그라졌다. 수능에서 높은 점수를 받기 원하던 학생들 입장에선 관심 대상이 아니었다. 그렇다보니 상택 같은 친구들이 많았다. 공부하고 또 공부하고. 공부 안 해도 특별하게 놀지도 않는 그런 학생들. 시간 낭비며 학교가 문제며 대학이 문제라는 등 허무한 얘기들만 나누다 졸업을 해버렸다.

나에게도 소중한 친구들이 있다. 준석이나 동수처럼 주먹 잘 쓰는 녀석들은 아니다. 그저 축구, 농구, 야구 좋아하는 그런 평범한 사람들이다. 곽경택 감독 입장에선 나와 달리 준석이 특별하지 않았을까? 소원해져도 친구로 인정해주던 남자. 물장구치며 놀던 녀석이 고등학생이 되니 인근 학교를 주름잡아버렸다. 싸움을 잘했던 건 알았지만 갑자기 커버리니 놀랍기도 했겠다. 하지만 학교 신을 마무리 짓는 사람으로는 준석 대신 동수를 택했다. 자신이 하지 못했던 그 말을 동수가 더 살렸으리라 믿은 게 분명하다.

"길에서 내 하고 만나지 마소."

동수가 나직하게 말했다. 나는 산복도로 골목 구석까지 돌아다녔어도 동수를 만나지 못했다. 그는 인상을 쓰고 있지만 팬들을 만나면 왠지 웃어줄 것 같았다. 나의 쓸데없는 기대감이 언젠가 이루어지길 바라며 부산항을 가끔 내려다본다.

 말말말

"(SBS 드라마 〈신사의 품격〉에서) 장동건이 반갑게 맞아줘 고마웠다."

배우 김광규 〈라디오스타〉 (2013. 2. 14)

〈친구〉, 부산의 사투리를 말하다

    교양 있는 사람들이 사용하는 현대 서울말. 이것은 국가가 정한 표준어의 정의다. 한때 교양이란 단어에 논란도 있었다. 그만큼 표준어에 대한 동경과 질투를 가졌던 사람이 많아서일지도 모르겠다. 다 같은 언어인데도 사투리를 쓰지 않으려는 사람이 점점 늘고 있다. 예능과 드라마에는 재미를 위해 사투리가 등장하지만 기본은 표준어다. 반듯한 이미지를 가진 아나운서들은 사투리를 사용하지 않는다. 잘못된 건 아니지만 고치려고 연습도 한다. 그런 분위기가 고착화 될 때쯤 〈친구〉가 등장했다.

    "마이무따 아이가?"

    도대체 이건 무슨 말일까? 사투리를 한 번도 들어보지 못했다면 쉽사리 감이 오질 않는다. 부산에서 자란 나 역시도 잘 모르는 사투리가 간혹 등장한다. 특히 어르신들과 대화할 때면 그런 느낌을 많이 받는다. 재차 물어 볼 때면 부산 사람 맞냐고 웃으신다. 어려우며 신기한 사투리. 〈친구〉가 흥행을 터트리자 우리는 너도 나도 흉내 내며 다녔다. 딱히 부산 사투리 같지 않은 것들까지도 재미에 들려서 흥얼거렸던 기억이 난다.

이 영화를 위해서 배우들은 사투리를 연습해야 했다. 가장 힘든 사람이 궁금해진다. 주요배우들의 고향을 살펴보면 짐작이 간다. 장동건은 서울, 서태화는 제주도, 정운택은 경북 그리고 준석은 강원도. 경북 출신을 제외하면 타 지역 배우들이다. 곽경택 감독도 이러한 부분을 민감하게 생각했다고 한다. 부산에 살거나 부산을 떠나 타향살이 중인 관객들. 그들에게 합격점을 받기란 결코 쉬운 일이 아니었다. 흥행이란 후광에 가려져서 그렇지 사투리에 대한 편견을 지적한 사람도 적지 않았다.

나는 준석의 사투리 실력에 깊은 감명을 받았다. 완전 부산이라기보다 포항 출신들의 거친 억양에 가깝기도 하다. 그래도 연습해서 그렇게까지 표현할 수 있는 건 놀라운 일이다. 서울에 오래 살았어도 사투리가 고쳐지지 않는 사람이 많으니 말이다.

"나는 내처럼 살게."

준석이 상택을 보며 말했다. 극장에서 패싸움 직후 퇴학당한 준석. 혼자만 정학을 받은 상택은 미안한 마음에 서울로 가자며 돈을 들고 준석을 찾아왔다. 친구의 마음은 고맙지만 이미 자신의 길은 정해졌다고 굳힌 준석. 부산엔 이런 사람들이 많다. 물론 모두가 그렇진 않다. 하지만 대부분 시원시원하고, 복잡하게 하나둘씩 들추며 따져보지 않는다. 사람마다 자신의 기준점을 세운 채 나는 내처럼 사는 게 부산 사람들의 방식이다.

〈친구〉 이후로 사투리를 연기하는 배우들이 많아졌다. 〈국제시장〉의 덕수도 연습이 상당히 많이 된 것을 알 수 있었다. 영자가 갑자기 덕수를 데리고 자갈치시장으로 가는 장면이 있다. 갑자기 왜 그러는지 귀찮은 듯 영자를 쳐다보는 덕수. 말없이 따라가다 들은 말은 데이트였다. 그러자 덕수는 "돌았나……"라며 영자를 쳐다본다. 극장 안의 관객들이 웃을 정도의 대사였다. 억양도 좋고, 타이밍도 적절했다. 설정이라도 롤러코스터 타는 부산 사투리를 제대로 간파한 셈이다. 이 외에도 주옥같은 대사들이 많지만 경남권 출신 배우들이 한 말들이었다. 오달수는 대구, 송강호와 이민기는 김해, 레인보우 싱어 김보경과 김인권은 부산. 이들에게 사투리 연기는 고향에 내려온 기분일 게 틀림없다.

아쉬운 부분이라면 〈해운대〉에서 연희 역을 맡았던 하지원이다. 캐릭터상 〈국제시장〉의 영자와는 확연히 다르다. 영자는 부산에서 새로운 삶을 시작하며 정착한 경우라 어색해도 넘어갈 수 있다. 반면 연희는 부산 토박이다. 연기하는 게 얼마나 어려웠을까? 그녀도 이 부분 때문에 마음고생이 심했다고 한다. 영화는 흥행해도 씁쓸한 추억으로 남을 수밖에 없었던 사투리 연기. 트라우마로 남지 않았으면 좋겠다.

　사투리가 사라지고 있다. 이러다 정말 박물관에 실릴지도 모르겠다. 부산만의 얘기가 아니다. 대전부터 시작하여 충청권에 여러 번 여행을 다닌 결과 나는 많이 놀랐었다. 조금이라도 지역 색깔을 가지고 있던 친구들의 말투가 확 바뀌었다. 편하게 술을 마셔도 표준어에 가까웠다. 수도권에 오래 살다 갑자기 고향에 내려와 친구들을 만나면 방언이 터지는 게 보통인데 글쎄다. 이는 어느 한 지역에 국한된 문제가 아니다. 전라도, 강원도, 충청도, 경상도 이 넓은 땅을 호령했던 사투리가 사라진다면 어떻게 될까? 나는 오히려 사투리가 나오는 영화가 고맙다. 흥행을 위해 어색한 사투리를 남발했다며 비난을 받아도 우리가 가진 소중한 자산이니 말이다. 그것을 잊지 않고 되새김질해주는 연출자들의 노력에 감사함을 전하고 싶다.

PART 4

범일동관

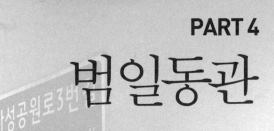

매축지마을 → 1km → 삼일극장 → 0.4km → 철길육교 → 0.8km → 자성대 거리 →
0.2km → 국제호텔 (총 2.4km)

1 누가 시켰노? 준석이가 시키드나?

– 아버지와 다툰 뒤 심란한 동수. 더럽게 번 돈 받기 싫다며 뿌리치는 장의사 아
　　버지가 싫지만 미워할 수 없다.

도루코　우리 큰 행님 팔아먹은 씨발 자슥이다. 고마 자고 있는 거, 푹 몇
　　　　번만 담그고 오면 된다. 알겠제?

부하들　예, 행님.

도루코　작업은 일단 새벽에 하고, (부하들 잠시 쳐다본다) 준석이 한테 머
　　　　라켔노?

부하1　창고 송씨 아들내미 병문안 간다 켔십니다.

도루코　잘했다.

– 잠시 뒤 동수 집 침투, 인기척에 놀란 동수. 실랑이가 벌어진다.

동수　(쓰러진 괴한의 목을 잡으며) 누가 시켰노? 준석이가 시키드나?

부하1　(동수 눈을 똑바로 쳐다보며) 좆이다.

– 동수는 괴한의 발목을 붙잡고 비틀어 버린다. 괴한은 고통 속에서 비명을 지른다.

"감사합니다. 해운대경찰 수사과입니다."

"아, 예, 저는 부산 시민인데요. 뭐 좀 드릴 말씀이 있어서요."

동수는 경찰에 전화해 무엇인가를 말했다. 영화에선 정확히 어떤 죄목인지 드러나진 않았다. 잠시 뒤 경찰들이 출동해 준석이 몸담고 있는 조직의 큰 형님을 잡아간다. 부산공동어시장의 원양어업을 관리하는 콧수염과 건설업을 막 시작한 차상곤 대표. 곽경택 감독이 숨겨 놓은 갈등 신이다.

이 모든 게 노태우 전 대통령이 지시한 '범죄와의 전쟁'에 뿌리를 둔다. 연줄을 통해 시작한 토건사업 때문에 차상곤 대표는 정리할 일이 많아졌다. 어리지만 제법 깔끔하게 일을 처리해 오던 동수는 조직에서 더욱 신뢰받게 된다. 준석과 동수의 갈등이 본격적으로 시작되는 시점이기도 하다.

나는 조직생활을 해보지 않아 이 상황에 궁금한 점이 많다. 동수를 겨냥한 건 준석이 아니라 도루코다. 도루코와 준석은 학창시절 함께 어울렸던 사이다. 조직이 나뉘어 서로를 견제할 수는 있어도 칼부림까진 아니라고 생각했다. 하지만 도루코의 눈빛엔 악한 감정이 강하게 스며 있다. 큰 형님이 연행되자 조직 분위기가 어수선해졌고, 도루코는 기다렸다는 듯이 칼날을 뽑아 들었다. 그는 이 상황을 정리하려면 동수를 없애는 게 이상적이라 판단했다. 밑에 애들 시켜서 잠들어 버린 동수의 배에 살짝 담그면 그만이다. 사람 죽이는 게 일도 아닌 사람들이라 매축지마을에선 살벌한 기운이 감돈다.

영화 〈친구〉에 등장했던 동수의 집. 매축지마을엔 허름한 판잣집이 넘쳐난다

긴장되는 상황. 본네트에 떨어지는 빗소리만 들린다. 도루코는 준석과 달리 냉정했다. 지시 받은 부하의 눈빛도 망설임 하나 보이지 않는다. 무서운 건 그들도 마찬가지고, 마음이 불편한 건 그들도 마찬가지다. 단지 조직에서 성공하고 싶고, 큰 인물이 되고 싶은 마음뿐이다. 그들은 오늘도 서슴없이 사시미칼을 뽑아 든다.

매축지마을에 가보면 동수의 집이 그대로 남아있다. 영화가 촬영된 지 15년도 넘었는데 아직도 방문객이 끊이질 않고 있다. 나무로 된 미닫이 문. 그 옆으로 동수의 얼굴이 벽에 그려져 있다. 관광객들은 신기한 나머지 함께 사진을 찍곤 한다. 영화 내용을 미루어 보아 이곳에서 벌어진 일들은 결코 좋은 일들이 아니다.

동수가 생명의 위협을 받은 장소이기도 하지만 장의사 아버지와 다투는 곳이기도 했다. 나름 조직에서 성공한 나머지 큰돈을 아버지 손에 쥐어주려 했던 동수. 그는 아버지에게 빳빳한 흰 봉투를 내민다. 못이기는 척 받을 줄 알았던 자신의 예상은 빗나갔다. 동수의 아버지는 울먹이며 엇나간 아들의 뺨을 때린다.

"더럽게 번 돈 필요 없다."

동수는 화가 나 문을 "쾅" 하고 세게 닫으며 집을 나선다. 그래도 아버지는 아버지다. 마음이 편치 않았는지 그는 돈을 던지고 나온다.

가정집이라 문을 열어 구석구석 살펴보기엔 무리가 있다. 이 앞에서도 충분하다. 누구라도 당시의 아찔한 상황이 회상될 것이다. 그만큼 강렬하고 성공을 열망했던 동수의 모습이 생생히 남아있다. 곽경택 감독의 저서 『친구』에서는 동수의 아버지가 장의사란 사실을 만난 지 2년 뒤에 알았다고 한다. 동수는 장의사 아버지를 몹시 부끄러워했다고 전해진다. 이 집에서 한 번이라도 환하게 웃은 적 없는

우암선 철로가 폐선되고 남은 흔적들

동수. 그는 그렇게 집을 나섰다.

　잠시 암울한 장면을 뒤로 하고 주변을 둘러보자. 사람 한 명 지나
갈 수 있는 작은 골목들. 그 끝에 다다르니 어디서 많이 보던 담벼락
이 나온다. 영화의 첫 장면이 생각난다. 동네를 누비며 하얀 방귀를

꿰는 소독차. 몸에 안 좋은 화약약품인 줄 알면서도 아이들은 따라 다닌다. 지나가다 진열된 과일도 하나씩 훔쳐보고, 문구점에서 불량 식품도 집어간다.

촬영 당시만 해도 마을은 넓은 편이었다. 대형 아파트와 빌라들이 마을 주위로 들어서며 일종의 동물원이 됐다. 주변 풍경과 전혀 어울리지 않은 주거공간이 생기며 마을은 사라져 갔다. 문화공간이란 명목으로 울타리를 쳐놓고 먹이를 던져주는 사육사들과 다르지 않다. 동수가 살아있었다면 이런 일이 없었을 것 같다.

매축지마을은 좌천동과 범일동에 겹쳐 있는 지역이다. 흔히들 범일동을 앞에 붙여서 말했는데 지금은 마을 이름 자체에 무게를 둔다. 매축지埋築地라는 말은 일제 강점기에 간척사업으로 메운 땅이라고 해석하면 정확하다. 광범위한 지역에 군수물자 이동을 담당했던 매축지역은 대부분 자취를 감췄다. 거리를 걷다 보면 지금도 사람이 살고 있다는 사실이 신기할 정도다.

아담한 마을이라 다리가 아프진 않지만 좁은 골목을 누비면 거부감이 들 수도 있겠다. 너무 조용한 마을이라 사진 찍는 게 왠지 죄송하기까지 하다. 그래도 관광객들의 발걸음은 언제나 반갑다며 웃어주시는 어르신도 계신다. 왁자지껄한 무리의 이동에도 그들을 사로잡을 만한 상권은 형성되어 있지 않다. 아무래도 노년층의 인구가 많다 보니 동네 슈퍼, 미용실, 작은 식당들이 전부다. 마을 주민들의

앙증맞은 벽화 그림들이 콘크리트 벽을 살리고 있다

생활공간인데 욕심이 너무 앞섰는지 여기저기 빠짐없이 고개를 들이밀어 본다.

 골목 중간 앙증맞은 벽화도 눈에 들어온다. 범일동에 어울리는 호랑이 캐릭터, 영화 필름 사진, 천진난만한 어린이의 모습이 죽어버린 콘크리트 벽을 살리고 있다. 그림을 좇다보면 마구간을 마주한다. 나는 마을 이곳저곳을 사진에 담았지만 손을 주머니에 넣어버렸다.
 일본인들의 축사로 시작해 피란시절 집으로 사용된 공간이다. 복원작업을 거쳤지만 처절했던 일상의 모습이 그대로 느껴진다. 원룸 정도의 크기에 수십 명이 들어가 잠을 잤다니 믿겨지지 않는다. 구석의 반쯤 허물어진 작은 화장실엔 사람 한 명 겨우 들어갈 크기다.
 한국전쟁이 끝나자 마을은 숨통이 트이나 했지만 뜻밖의 화재로 몸살을 앓게 된다. 이곳에 불이 붙었다고 생각하니 끔찍하기만 하

매축지마을의 좁은 골목길을 따라 집들이 빼곡하다

다. 작은 집들이 마라톤 하듯 불길은 번졌고, 결국 주민 37명이 숨지고 140명이 부상당했다. 이런 끔찍한 사건은 전봇대에 매달려진 녹이 슨 '종'이 대신 말해주고 있다. 뜨거운 불을 피하기 위한 경보장치. 쉴 새 없이 울려 퍼졌던 1954년 봄날의 종소리가 바람을 타고 내 귓가를 몽둥이질한다.

동수의 집을 찾으려 들렀다 고된 삶과, 돌이킬 수 없는 역사의 현장을 발견하고야 말았다. 곰팡내 나는 골목, 폐가 같아 보이는 작은 집, 그리다 만 벽화 그리고 마을 어르신들. 사실 나의 학창시절에 들렀던 마을 모습과 크게 다르지 않다. 웃으며 사진 찍는 낯선 사람들이 늘었고, 마을의 크기가 작아졌다는 것을 제외하면 말이다. 불타던 마을, 동수의 방황을 카메라에 담으며 생겨난 불편함의 출처를 나는 알고 싶다.

 말말말

"오디션이라기보다는 아는 분이 곽경택 감독에게 날 추천해줘서 한 번 보게 됐다. (중략) 꼭 해야 한다고 했는데 그 캐릭터가 바로 장동건이 연기한 캐릭터였다."

배우 오달수 〈섹션TV 연예통신〉 (2014. 11. 23)

모다구리, 빨리 빨리

상택 볼래?

중호 임마들하고 같이?

동수 상관 있나?

– 극장 안에 들어온 친구들. 재미없는 영화에 떠드는 학생들

동수 존맹구! 빵구다이 붙이고 안 앉아 있을래? 뭘 째리보노 씨발놈아,
      눈까리 파뿌까?

– 화장실에 온 상택, 중호. 얼마 전 롤라장에서 만난 청학공고 녀석들과 마주한다.

중호 (극장 문을 열며) 준석아, 좋대따. 모다구리, 빨리, 빨리.

준석과 동수가 학교로 돌아와 기쁜 나머지 영화를 보러간 친구들.
극장 앞에는 청학공고 친구들이 단체로 관람을 왔다. 롤라장에서 마
주친 인연이 이렇게 질길 줄이야. 용두산공원에서 정리가 제대로 되
지 않았는지 두 눈 시퍼렇게 뜬 채 덤벼든다.

동시상영관에서 상영되던 성인영화를 볼 수 없는 나이라 지루한

영화만이 남았다. 극장에선 조선업 호황기에 관한 뉴스가 나온다. 멀티플렉스 다니는 사람들은 극장에서 뉴스가 나온다니 믿기지 않을 것이다. 지루한 장면에 따분해하는 준석과 동수. 그들 앞에서 장난치는 청학공고 학생 두 명이 있다.

그들은 동수의 욕설에 주눅이 들어 자리로 돌아간다. 한편, 상영 전 화장실에서 오줌을 누던 중호와 상택. 중호는 상택의 성기를 힐끗 보고선 감탄을 금치 못한다. 오줌 줄기가 길었는지 양아치 무리가 들어올 때까지 멈추지 못하고 있다. 갑자기 화장실 문을 박차고 들어오는 녀석들은 며칠 전 롤라장에서 마주친 양아치들이다.

"하, 똥 냄새야. 담배 하나 도."

담배라는 소리에 고개가 돌아간 상택과 중호는 위기감을 느꼈다. 그 순간 대장 역할을 자처하던 촉새 같은 친구가 상택을 알아본다. 교복도 달라 긴가민가 했지만 그들 주위를 어슬렁거리기 시작한다. 상택은 겁이 나 눈을 마주치지 않으려 고개를 좌우로 흔들어 본다. 하지만 촉새는 확신에 차 몇 번 빨지 않은 담배를 화장실 바닥에 던지며 그를 끌어내린다. 상택은 곧바로 바닥에 내동댕이치며 밟히기 시작한다. 중호는 그 틈을 놓치지 않고 화장실을 빠져나갔다.

이 사실을 준석에게 알리기 위해 중호는 영화관 문을 연다. 다가가는 대신 수백 명의 학생들 앞에서 모다구리가 떴다며 손짓한다. 준석과 동수는 상택을 구해내지만 빨리 병원으로 옮겨야 했다. 얼마나 맞았던지 얼굴이 피범벅이 됐다. 다리에 힘이 들어가지 않는 상택을 부축하며 나가려고 하자 청학공고 전교생이 길을 막아섰다. 그들이 아무리 싸움을 잘 해도 인해전술 앞에선 무릎을 꿇어야 했다. 이 일로 준석과 동수는 학교에서 퇴학당하고, 중호는 전학을 간다.

모다구리, 한 사람이 여러 명을 때린다는 사투리다. 성인영화를 상영하던 삼일극장의 음침한 분위기를 선택한 곽경택 감독. 내가 그의 섬세함에 놀란 건 오래된 극장에서 나온 뉴스가 아니다. 양아치들이 화장실에 들어오며 한 말에 엄청 놀랐었다. 더러운 냄새. 담배 피기 전 그들의 사소한 대화를 자세히 들어보면 당시 분위기가 그대로 전해진다.

더럽다는 얘기를 많이 들었다. 건물이 오래됐으니 그럴 수 있다는 얘기지만 삼일극장은 특히 심하다고 했다. 아쉽게도 나는 삼일극장에 들어가 본 적이 없다. 〈친구〉가 흥행하며 기념비가 극장 앞에 세워졌어도 겉모습만 보고 지나쳤었다. 지금은 형체도 없이 사라졌지만 왠지 모를 불쾌감이 들었기 때문이다. 삼촌뻘 되는 형님들이 말해준 화장실 얘기가 기억난 순간이다.

손으로 대충 찍어 바른 페인트에 벽을 반으로 가른 줄이 엇나간 모습. 회색 바탕에 흰색 돌 모양이 새겨진 계단. 더럽고 좁은 통로에서 그들은 주먹을 휘두른다. 삼각자에 가방을 던지는 청학공고 학생들을 막기엔 역부족이다. 나무 창틀을 뜯어 위협해보지만 아직 계단

삼성극장, 삼일극장이 있었던 자리에 모델하우스가 들어섰다

도 벗어나지 못했다. 뉴스에 나오던 극장 분위기와 한 치의 오차도
없었다. 벽에 부착된 성룡이 주연한 〈취권〉 포스터는 설정인지 모르
겠지만 이 상황과 제법 잘 어울린다. 아쉽게도 그들이 떠난 뒤로는
올림픽이 열릴 때마다 극장의 주인이 바뀌고 있다.

두 편 동시상영관 들어봤을까? 단어 자체도 생소하다. 영화 두 편
을 극장에서 연속으로 상영한다는 뜻이다. 주머니 사정이 녹록치 않
은 연인들을 위한 데이트 장소이기도 했다. 삼일극장은 1944년 일
본인이 개관했고, 그로부터 62년이 지난 뒤 역사 속으로 사라졌다.
곽경택 감독이 설정한 1976년을 기준으로 생각해보면 한국영화가
1000원 일 때다. 외국영화는 1200원. 1980년대로 넘어가며 3000원
영화시대가 열렸다.

멀티플렉스에서 보는 영화는 보통 1만원 언저리다. 영화 가격이 점점 부담스러워져도 천만을 훌쩍 넘기는 영화들의 탄생은 대단한 결과다. 백화점을 등에 업고 들어온 영화관은 복합문화공간으로 자리매김했다. 그들의 등장에 허름한 영화관을 찾기란 어려운 일이다. 추억으로 한두 편 보겠지만 주말마다 갈 사람은 이제 없다.

범일동을 영화의 거리로 지켜줬었던 극장은 삼일, 삼성, 보림 극장이다. 삼일극장 바로 옆에 삼성극장이 있었다. 범일동을 지나다 영화관에서 보이던 글자는 '동시상영'과 '감사합니다'가 전부였다. 매표소라 적힌 글씨도 어두컴컴해서 잘 보이지 않았었다. 도로를 확장한다는 명분 하에 생을 마감했다. 삼성극장은 2011년까지 남아있었지만 결국 친구를 따라 갔다. 재개봉관, 두 편 동시상영관, 성인영화관. 나는 그것이 생존을 위한 몸부림인지 미처 알지 못했었다.

범일동에서 유일하게 남은 건 보림극장이다. 철거된 줄 알고 있었는데 어느 날 갑자기 간판이 걸려 있었다. 초록색 바탕에 흰색 글자가 눈에 들어왔다. 항상 그 위치에 있었던 사라진 간판이었다. 지나가며 한 번도 들르지 않았지만 이제야 발걸음을 옮겨봤다.

가까이 가보니 속임수였다. 이곳에서 추억도 없는데 가슴이 답답한 건 왜일까? 알고 보니 관할구역에서 진행한 추억 살리기 프로젝트였다. 어쩐지 촌스런 고딕체가 너무 깨끗했다. 더욱이 건물 외벽에 걸려 있는 〈하춘화 쇼〉, 〈저 하늘에도 슬픔이〉, 〈별들의 전쟁〉 등 영화 포스터가 너무 선명했었다. 나만 속은 건 아니었다. 이 거리를

추억을 살리자며 동구청에서 보림극장 간판을 달아 놓았다

지나다 포스터를 가리키는 사람들을 간간이 보았다. 30년이 넘은 영화. 그 영화를 본 사람들은 폐관에 씁쓸함이 생길 게 분명하다.

현재 부산에 남은 동시상영관이라면 구포의 성인영화관이 유일하다. 언제 허물어질지도 모르는 건물 외벽에 몰려드는 사람이 있을지 궁금했다. 단순 호기심으로 들어가기엔 어려운 곳이었다. 몇 번 기웃거리다 마지막 유산이라 생각하며 계단을 올랐다. 땅에 떨어진 담배꽁초에서 썩은 냄새가 올라왔고, 땅에 떨어진 마른 침을 보다 헛구역질이 났다. 멈출 수 없다는 생각에 한 층 한 층 올라가 극장에 도착했다. 문을 열자 뜨거운 바람에 섞인 담배연기가 내 얼굴을 덮쳤다.

문 앞에 있던 아저씨. 사장님으로 보이는 남자는 나를 쳐다보고

구포에 있는 세 편 동시상영관. 매직으로 쓴 성인영화 제목이 보인다

서 아무 말도 하지 않았다. 이곳에 올 사람이 아니라 판단했는지 다시 신문을 쳐다봤다. 나는 가볍게 인사를 하고, 창문 틈 사이에 놓인 시간표를 쳐다봤다. 한 편에 두 시간인 일반영화에 비해 상영시간이 굉장히 짧았다. 세 편에 거의 두 시간이었다. 나는 침을 꿀꺽 삼키고 지갑을 열었다. 상업영화에 비해 저렴하지만 내가 이것을 끝까지 볼 수 있을지 의문이었다. 사장님은 조용히 거스름돈을 돌려주시며 들어가서 아무 데나 앉으면 된다고 했다. 자그마한 티켓이라도 있을 줄 알았지만 나의 착각이었다.

　내부는 어두웠다. 극장 출입문 주위에만 빨간 등이 바닥에 켜져 있었다. 두리번거리다 갑자기 뒤에서 빛이 들어왔다. 돌아보니 누군가 화장실을 가려고 문을 열었다. 극장 안에 딸린 화장실. 안에서 담배를 피웠는지 니코틴 냄새가 내 코끝을 간질거렸다. 몇 번 두리번거리다 가장 가까운 곳에 앉아 스크린을 쳐다봤다.

어두운 조명 아래 긴장감 없는 신들이 지나친다. 긴장감은커녕 아드레날린도 솟구치지 않았다. 어릴 적 보았던 포르노가 그리워졌다. 내가 어른이 된 증거이기도 하지만 너무하다는 생각도 들었다. 보기가 불편해 앉은 지 10분도 지나지 않아 엉덩이를 떼었다. 그때 나는 관객들의 시선을 느낄 수 있었다. 열 명이 조금 넘는 사람들. 표정에 변화가 없었고, 지루하다는 듯 쳐다보는 게 전부였다. 하지만 그들은 그 자리를 지키고 있었다.

사장님은 지역신문과의 인터뷰에서 호텔하고 모텔만 있으면 안 된다고 했다. 여인숙을 필요로 하는 사람들이 여전히 있다고 한다. 이곳은 그들을 위한 작은 놀이터이자 시간 때우기 괜찮은 장소다. 극장 밖엔 TV가 있다. 삼삼오오 모여 성인영화보다 재미있는 무엇인가를 보고 있다. 그들은 서로의 안부를 물으며 웃고 있었다. 더 이상 할 말이 없어지면 다시 상영관으로 들어가신다. 갈 곳 없는 주름진 성인들의 놀이터가 된 동시상영관. 호텔만이 전부인 줄 알았던 나에게 신선한 충격을 가져다주었던 순간이었다.

💬 말말말

"장동건 결혼식에 안 간 게 아니라 못 갔다. 청첩장을 안 받았으니 못 간 거다."
배우 유오성 〈tvN 백지연의 피플인사이드〉 (2013. 1. 30)

Doctor doctor, give me the news

Doctor doctor, give me the news
(그대여, 그대여, 제게 말 좀 해주세요)
I've got a bad case of loving you
(난 당신을 사랑하는 몹쓸 병에 걸렸어요)
No pills' gonna cure my ill
(어떤 약도 제 병을 치료할 수 없을 걸요)
I've got a bad case of loving you
(사랑이라는 몹쓸 병에 걸렸나 봐요)
— 기차가 소리를 내며 육교 밑으로 지나간다.

노래 가사의 일부분이다. 혹시 'Doctor Doctor' 이 부분만 보고서 따라 부르는 게 가능한지 궁금하다. 네 명의 친구들이 철길육교를 지날 때 들려오는 노랫말이자 경쾌한 리듬감에 저절로 몸을 흔들게 만드는 롤라장 음악이다. 로버트 파머의 〈bad case of loving you〉를 한 곡 들어보자. 웹 사이트에 노래 제목만 쳐도 〈친구〉 OST가 연관 검색되는 것을 확인할 수 있다.

가사를 해석하는 방법은 가지각색이다. 영어 잘하시는 분들이 의역을 많이 해놓아서 모두 일치하진 않는다. 그래도 상사병에 걸린 사람이 애타게 사랑을 노래하는 내용은 공통적이다. 제목에 대한 가장 이상적인 해석은 '상사병에 약은 없나요?'가 아닐까? 그렇다. 약은 없다. 상사병을 경험해보지 않은 사람이라면 공감하기 어려운 가사일지도.

범일동 철길육교 위를 달리는 네 명의 남자 고등학생. 꽁지가 영화표를 내라는 말이 무섭긴 무서웠나 보다. 부산고등학교에서 출발해 자갈치 건어물시장 그리고 철길육교까지 지나니 말이다. 중호가 역전당한 장소이기도 하다. 동수에게 가방을 던지고 가장 빨리 달리던 중호. 자갈치에서 점점 뒤처지더니 철길육교에서 완전히 뒤로 밀려난다.

자세히 보면 이유를 알 수 있다. 그는 계단을 올라가던 여자애들 얼굴을 쳐다보느라 정신이 바쁘다. 준석이 선두를 차지하고 가장 늦게 출발했던 동수가 중호를 앞지른다. 내려갈 때는 그들의 표정이 클로즈업된다. 유일하게 웃고 있는 준석. 내리막길에 겁도 없는지 거침없이 내려가며 이빨을 드러낸다. 뒤를 바짝 쫓는 동수와 상택은 숨이 차 볼에 연이어 바람을 불어 넣는다.

지나가는 기차에 비하인드 스토리가 있다. 자동차 클락션의 얄팍함 대신 깊은 곳에 잠들어 있는 굉음을 내기 위해선 저 멀리서 달려와야 한다. 곽경택 감독은 기차가 지나갈 타이밍을 놓치지 않으려 노심초사했다고 한다. NG가 나면 다음 열차가 운행될 때까지 기다려야 했다. 그 이야기를 듣고서 이 장면을 다시 보니 확실히 긴장된 얼굴임을 알 수 있었다. 촬영 당시만 해도 부산역은 KTX를 위해 새로 단장하고 있을 시기였다. 느릿느릿한 무궁화호를 기다리다 힘이 빠졌을 게 분명하다. 어떻게 보면 무궁화호이기에 어울리는 장면이 아닐까 생각도 해본다.

영화에선 육교를 지나 삼일극장으로 간다. 이동 편의를 생각해보면 매축지마을에서 출발하여 삼일극장에 들르고 육교로 가는 게 좋다. 육교를 내려가면 현대백화점 뒷골목이 나오고, 그 길을 따라 도로를 건너면 곧바로 조방 앞에 다다른다. 나는 범일동을 지날 때면 잊지 않고 이 육교에 오른다. 육교에서 보이는 끝없는 철길. 단지 그게 좋았다.

두 계단씩 밟고 올라가면 스무 걸음 안에 위에 도착할 만큼 짧은 거리다. 기다란 육교가 아니라서 구두를 신은 여성들도 많이 오르내린다. 〈친구〉 분위기를 내면서 사진을 찍는 사람들. 나도 계단을 오를 때면 친구들을 데려오고 싶은 충동이 생긴다. 입구에는 간판 한 번 바뀌지 않은 막걸리집. 하꼬방 티를 내듯 바람 빠진 타이어로 지

구름다리 위에서 내려다본 모습. 경부선 철로가 아래를 지난다

붕을 덮고 있다. 거친 태풍을 몇 번이나 이겨냈는지 모를 정도로 튼튼하게 자리 잡았다.

비 오는 날이면 기분이 묘하다. 양말이 물에 젖지 않은 상태라면 육교 위를 거닐어 본다. 이 다리를 몇 사람이나 지났을까? 경부선이 어디로 교차되는지도 모르게 여러 갈래의 철길이 뻗어 있다. 지금 무슨 생각이 드는지 궁금하다. 어디론가 여행을 가고 싶은지 아니면 뛰어내리고 싶은지, 그것도 아니면 조방 앞에 빨리 가고 싶어 선택한 길인지 말이다. 삼일극장 앞에서 조방 앞으로 넘어가는 지하차도가 있지만 나는 육교를 향해 걷는다. 가끔 자유롭게 떠나가는 기차가 보고 싶을 때가 있다.

나보다 나이가 많은 다리. 웬만한 베이비붐 세대의 인생과 맞먹는 다리다. 나는 이곳에서 낭만을 느끼지만 누군가는 생명의 위협을 느끼던 곳이었다. 어둑해진 시간. 신발공장들이 문을 닫을 시간인데 사람 한 명 보기 힘들었다. 그렇게 많은 노동자들은 다들 어디로 갔을까? 철길육교를 지나면 공장 노동자들이 많이 살았던 안창마을에 가기도 쉬운데 말이다.

그들도 분명 무서웠을 것이다. 다리 근처 어두운 분위기가 당시 상황을 잘 말해준다. 불량배들이 자주 계단을 올랐다. 주요 우범지대라 불리는 이곳. 그들은 철길육교 대신 구름다리라 불렀다. 노동자들이 많아서 그럴지도 모른다. 힘들게 일하고 푼돈을 받아가니 약해보였던지 노상강도들이 그들을 기다렸다. 점조직처럼 움직이며 대여섯 명이 다리 근처를 어슬렁거렸다고 한다.

신고를 해도 근처 파출소까지의 거리는 대략 10분. 좁은 골목이라 차량 진입이 어렵다. 발로 뛰어야 잡을 수 있는 깡패들. 남자들도 무서운데 여성들의 심정은 말하지 않아도 느낄 수 있었다. 아무런 준비도 없이 구름다리를 건너다 가진 것을 모두 빼앗긴다. 그나마 물건만 가져가면 다행일지도.

현대백화점 방면으로 내려가면 주변이 확실히 어둡다. 장사를 하는지 마는지 알 수 없는 빈 가게도 있다. 이 골목을 지나면 어디로 나오는지 옆에 백화점이 있다는 게 신기하다. 지금은 가로등이라도 있어 뭔가 보이지만 당시엔 가로등도 없었다고 한다. 그런 일들이 빈번하자 밤에는 사람들이 다리 위로 가지 않고, 먼 거리를 돌아가야 했다.

스무 살, 내가 학생 꼬리표를 뗄 무렵 누군가를 따라 구름다리 위를 건넜다. 아는 친구 녀석이 조방 앞을 지나 좌천동으로 가보자는 것이었다. 좌천동엔 집으로 직행하는 버스가 있다며 고집 부리던 그 친구. 환승이 안 되던 시절이라 어느 정류장을 이용할지는 중요한 문제였다. 그는 이 구름다리를 알고 있었다. 내가 모른다는 사실보다 그 친구가 이 거리를 알고 있음이 신기했다.

구름다리 주변의 골목길. 태풍에 날아갈 듯한 지붕과 이끼 낀 바닥이 보인다

한낮에 우리는 아주 천천히 계단을 올랐다. 무섭다는 느낌보다 높은 곳에 올랐다는 느낌이 좋았다. 철길 주변에 정착한 하꼬방 때문에 빌딩도 없었던 시절. 우리는 이곳에서 굉음을 내는 기차를 기다렸다. 위험하다며 접근하지 말라는 경고 문구에 우리는 호기심이 생겼다. 철조망 사이로 부산역으로 들어오고 나가는 기차를 보고 싶어 얼굴을 파묻었다. 쇠 냄새밖에 나지 않고 기다리는 시간이 지루했지

철조망 사이로 보이는 기찻길. 옆에는 담쟁이덩굴로 덮여진 창고가 있다

만 허물없는 이야기에 속정만 깊어갔다.

그 친구가 아니었다면 영화를 통해 이 다리를 만났을 게 분명하다. 차에 올라타고서 창 밖으로 볼 수 있는 쉬운 다리지만 굳이 지날 이유가 없었다. 곽경택 감독은 학창시절 이 다리를 건넜다. 조방 앞에 내려가 배를 채웠는지 아니면 삼일극장에 들러 영화를 보고 부산진시장으로 내려갔는지는 알 수 없다. 어쩌면 나와 마찬가지로 부산을 떠나고 들어오는 기차가 보고 싶었을 수도 있다. 시시한 얘기를 나누는 시간도 이곳에서만큼은 전혀 아깝지 않다.

 말말말

"(중호 역 합격 이후) 내가 키가 커서 올려서 때릴 수 없어서 결국 탈락됐다."

배우 김정태 〈MBC 놀러와〉 (2011. 4. 18)

부민동, 부민동 내리소

– 박카스를 들고 버스에 앉은 우석. 창 밖을 쳐다본다.
버스 안내양 부민동, 부민동 내리소.
– 1978년 부산. 우석은 공중전화 박스, 난전 상인, 가전제품 판매대리점을 지난다.

박카스를 들고 버스에 앉은 우석. 초가을인지 반팔을 입은 사람과 긴팔을 입은 사람이 거리에 섞여 있다. 시나리오 작가들은 퍼스트 신을 가장 중요하게 생각한다는데 의외였다. 첫 장면에 힘을 주는 대신 오히려 힘을 빼버렸다. 드라마가 아니라 채널 돌릴 이유가 없다는 판단이었을까? 나는 제작자의 자신감까지 느껴졌다.

우석은 사법연수원 시절 지도변호사였던 상필을 만나러 가는 중이다. 1970년대 후반, 박카스 가격은 대략 170원이다. 10병이면 2천원 돈. 국내 영화 한 편에 1000원이었으니 저렴한 가격은 아닌 셈이다. 박카스가 값어치를 했는지 그는 선배로부터 돈을 꿀 수 있었다.

내가 길가던 우석 대신 박카스에 집중한 건 연출의도가 모호해서다. 박카스는 그대로 광고하지만 다른 모든 건 바꿔버렸다. 변호사들의 이름이며 사건명이나 코믹한 설정까지. 애초에 상업영화 시장을 겨냥한 것인지 아니면 일대기를 말하려 했는지 나는 궁금했다. 상업성과 역사성의 조화를 이루고자 했다면 조금 더 과감해볼 필요가 있지 않았나 생각해본다.

부민동은 부산지방법원이 있던 장소다. 현재 동아대학교 석당박물관이 법원과 검찰청이 있던 장소였다. 1·4후퇴엔 정부 청사, 환도 이후엔 다시 도청으로 복귀. 정체성 없던 부민동은 1983년에 이르러서야 법원타운이란 소리를 듣게 되었다.

부민동의 추억 중 가장 기억에 남았던 건 1999년 어느 날이었다. 법원 앞은 취재진들로 발 디딜 곳 없었다. 당시 대형 언론사의 기자들이 파업을 하던 시기였음에도 불구하고 많은 취재진이 몰렸었다. 이유를 알고 보니 탈주범 신창원 때문이었다.

부산교도소에서 탈주하여 2년 6개월만에 붙잡힌 희대의 사건. 순천에서 검거돼 부산지방검찰청으로 압송하는 현장을 포착하기 위해 뒤엉킨 사람들이 도떼기시장을 형성했었다. 집으로 돌아온 나는 뉴스 채널을 찾았다. 채널도 많지 않던 시절인데 더 자세한 내용을 듣고 싶어 비교하며 보았던 기억이 난다. 부산지방검찰청의 담당수사관이 인터뷰에 등장하며 검거 당시 상황을 자세히 전달해 주었다.

누군가 지나가는 말로 그의 검거에 안타까움을 내비쳤다. 그들에겐 IMF가 터지며 사회에 대한 불신이 싹틀 때 제대로 된 한 방이었으니 말이다.

부민동에 대해 할 얘기가 많지만 영화의 장면은 다른 곳이다. 처음 이 사실을 알고 난 뒤 영화가 더 흥미롭게 와닿았다. 웃어 넘겼지만 속았다는 생각이 지금도 남아있다. 허름한 건물 외벽과 오래된 점포들. 부민동 근처엔 지금도 오래된 가게들이 즐비하다. 나는 당연하게 받아들이며 넘겼던 장면인데 확인해 보니 자성대 근처였다.

자성대, 부산진지성釜山鎭支城이 있는 동산. 매축지마을과 가깝고 국제호텔과 한 블록 사이에 위치한 공원이다. 이곳에서 부민동에 가려면 용두산공원과 보수동을 지나야 한다. 거리가 제법 되는데 어떻게 이곳을 로케이션 했는지 의문이다. 법원 근처에서 촬영한다는 게 어려웠을까? 글쎄다. 지금은 법원도 거제리로 이사한 상태인데 말이다.

우석이 들어간 곳은 자성대와 한 블록 떨어진 지점이다. 자성대를 배경에 두자니 영화와 연관성이 깊지 않아 보인다. 물론 자성대는 부산의 중요한 유산이다. 부산진성을 모성으로 두고 백성을 지키던 곳이었으니 말이다. 하지만 아무리 생각해도 애매한 위치다. 누런 벽돌이 필요했을까? 다른 곳에도 그런 벽돌은 많다.

조방 앞 언저리에 위치한 길목. 신발공장이 많던 1970년대엔 시외버스터미널이 있었다. 차라리 우석이 대전에서 내려오는 시외버스를 탔다면 좋았을 텐데. 아니다. 그건 이미 노선이 틀리니 다시 생각해봐야 할 문제다. 영가대를 염두에 뒀을까? 매축해서 없어졌는데 영화 촬영 때문에 구태여 다시 땅을 메울 필요는 없다. 로케이션에 대한 추리라면 나는 부산진시장 때문이라 본다. 일제강점기 때부터 이어져온 시장의 역사. 시장 등록을 했어도 주변에 돗자리를 깔고 물건을 팔던 어머니들. 지금은 할머니가 된 그녀들이 자리를 지키고 있다.

그들이 있기에 자성대 주변은 시간이 멈춘 것 같다. 휴대폰 대리점에서 나오는 최신가요가 무색할 정도다. 경남 최대의 혼수시장이라는 명맥이 한 풀 꺾이긴 했다. 그래도 한복이나 옷감을 찾으러 오는 손님들이 꾸준하다. 그들 덕분에 시장 바깥에도 패션, 아씨방, 모피, 미싱이라 적힌 간판들이 눈에 띈다. 1930년부터 장을 이룬 진시장. 장사가 안 된다 안 된다 하면서도 지금까지 버텨왔다. 우석의 성격과 억지로 끼워 맞춰보니 비슷한 면도 있어 보인다.

우석이 멈춘 사무실을 지나면 육교가 나온다. 이 빌딩은 얼마 전 철거되어 주차장으로 이용되고 있다. 예전에는 그냥 허름한 빌딩이구나 정도로 넘겼던 곳이다. 관심도 없었고, 옆에 있는 은행에 몇 번 들르다 지나친 건물에 불과했다. 영화 로케이션이라 괜히 관심 가지

육교에서 바라본 부산진시장. 주변엔 노점상과 미싱 전문점이 많다

경남 최대의 혼수시장이라는 부산진시장의 주단가게, 시대를 반영한 듯 계량한복도 보인다

는 게 머쓱했지만 내부 공간을 보고 싶긴 했다. 새로 들어선 주차장이 너무 얄밉다.

빌딩은 더 이상 없지만 육교를 건널 때면 비슷한 분위기는 느낄 수 있다. 나는 육교를 건널 때면 진시장 지하 1층에 자주 들렀었다. 언제부터 생겼을지 모르는 칼국수집. 시장에 칼국수야 흔하지만 이 지하까지 내려와 먹는 맛은 어떨까? 파마 머리한 아주머니와 할머니는 후루룩 삼키느라 정신이 없다. 잠시 앉았다 가라고 하지만 거절하며 딴 곳으로 향한다. 이 분위기가 좋아 들렀다고 솔직히 말하지 않아 죄송스럽기도 하다.

쌈밥 정식, 진시장 건너편에 있는 유명한 식당 메뉴다. 친구들을 데려와 자랑하곤 했었는데 언제부터인가 들르지 않았다. 식사시간이면 사람이 많아 기다림의 연속이기 때문이다. 그래서 마지막으로 선

시장에서 빼놓을 수 없는 것이 먹는 즐거움. 간식거리와 주변 맛집들이 즐비하다

택했던 건 도넛이다. 아주 쉽게 찾을 수 있다. 허연 김이 나오는 곳이라 지나가다 쳐다보지 않는 사람이 없을 정도다. 바삭하게 구워진 빵이 맛나다. 텁텁한데도 물도 안 마신 채 나는 두어 개 집어 먹곤 했다. 우석이 한 번 더 선배님을 찾아간다면 도넛을 사갔으면 한다.

시간이 멈춘 거리를 걷다보니 달라진 게 있었다. 그것은 내 나이. 아주 어릴 적부터 이 거리를 왔었는데 이제야 느낀다. 나는 교복이 필요 없고, 지각해 청소할 일도 이젠 없다. 우석도 부산에 돌아오며 그런 생각을 했을까? 변하지 않는 곳에서 무엇인가 해보려는 사람들. 자세히 보니 시간이 멈춘 거리도 누군가 조금씩 시계 바늘을 돌리고 있는 듯하다.

 말말말

"죽을 뻔 했다. 그 장면은 정말 리얼이었다. NG도 안 났다."

배우 임시완 〈조선닷컴〉 (2014. 1. 12)

마이무따 아이가, 고마해라

준석 마이 컸네 동수.

동수 원래 키는 내가 좀 더 컸다 아이가. 니 시다바리 할 때부터.

(중략)

준석 친구로서 마지막 부탁이 있어서 왔다.

동수 부탁해라.

준석 하와이로 가라. 그기 가서 좀 있으면 안 되겠나? 조금만 세월이 지나면 다 잊고 잘 지낼 수 있을끼다. 준비는 내가 해줄게.

동수 (이마를 양손으로 문지르며) 니가 가라 하와이.

준석 (고개를 떨구며 쓸쓸한 미소를 짓는다) 그래, 내가 갈게. 몇 년 있다 보자.

－ 준석이 슬픈 표정을 지으며 떠난다. 잠시 뒤 동수는 공항에 가기 위해 나이트 클럽을 빠져나온다. 그리고 갑자기 각그렌저에서 튀어나오는 괴한. 그는 사시미칼을 들고 있다.

－ 잠시 뒤 동수는 전봇대 앞에 쓰러진다.

동수 마……, 마이무따 아이가 고마해라,

27, 동수가 사시미칼에 찔린 숫자다. 영화의 클라이맥스. 관객들의 몰입도는 최고조에 이른다. 그들을 더욱 흥분케 한 건 사시미칼이 아니다. 바로 OST로 삽입된 뤽 비에르의 〈Genesis〉. 너무 슬픈 리듬이다. 동수가 아니라도 이 노래를 듣고 있으면 소프라노의 목소리에 울먹해진다.

상택을 배웅하겠다는 준석과 그런 것도 하냐며 비아냥거리는 동수. 국제호텔 옆에 딸린 나이트클럽에선 진지한 대화가 오간다. 단편적으로 보면 도루코의 죽음 때문이다. 동수가 직접 손대지 않았더라도 지시했다고 짐작하는 준석. 장례식에 가지 못했다며 능청떠는 동수를 바라보는 준석의 눈빛이 예사롭지 않다. 준석은 차상곤 밑에 들어간 동수를 나무란 적이 있었다.

"내는……, 내일부터 상고이 행님 밑으로 들어간다."

"그기는 건달 아이다. 양아치다."

아버지 장례를 도와준 동수에게 준석이 한 말이다. 아마 이 대화가 동수의 죽음을 설정하기 위한 첫 단추가 아니었을까? 물론 학창 시절 진숙이를 상택에게 소개한 준석에게 불만을 품은 동수도 있다. 시간이 많이 흘렀다. 이제 주먹다짐 할 때가 아님을 짐작한 준석은 동수에게 하와이로 잠시 떠나주길 부탁한다.

그는 고민도 하지 않고 거절한다. 건설업으로 승승장구 중인 차상곤의 호의를 무시할 수 없는 상황일 것이다. 마음이 불편해진 동수는 상택을 보러 공항에 가려 한다. 친구 배웅보다는 도루코를 살해

한 게 마음이 아팠는지 눈빛에 슬픔이 남아있다. 준석이 위험을 무릅쓰고 찾아와 걱정해주니 고맙지만 자존심을 구길 수 없었다. 이제 더 이상 시다바리가 아니니깐.

조방 앞, 먹자골목을 지나면 국제호텔이 나온다. 동수의 죽음과 관계없이 분위기는 여전히 쓸쓸하다. 하얀 벽돌에 누런 때가 앉아서 그런가 보다. 국제호텔은 1978년 이후 때를 한 번도 밀어보지 않은 사람 같다. 더럽다기보다 트렌드에 민감하지 않다는 표현이 더 어울리겠다. 다른 사람이 스키니진을 입을 때 나팔바지를 입은 느낌. 개성을 추구하든지 변화가 싫든지 둘 중 하나가 분명하다.

영화를 보지 않았더라면 먹자골목에 눈길이 갔을 텐데 아쉽기도 하다. 나는 이 거리를 지날 때마다 동수의 죽음이 떠오른다. 의식하지 않고 걷다가도 나이트클럽 앞을 지나면 동수가 생각난다. 나는 슬픈데 누군가 웃고 있다. 중국인과 일본인. 국제호텔을 등지고 기념 촬영 중이다. 내가 영화를 너무 민감하게 해석했다는 생각도 든다.

낮에는 관광객들, 저녁에는 직장인들이 이 거리를 배회한다. 가로등이 켜지면 먹자골목 사이로 꼼장어 냄새가 난다. 가게 안에서 잔을 부딪치는 소리. 한국인의 멋이 아닐는지. 반면 관광객들이 올 때면 국제호텔 앞에선 경적소리가 시도 때도 없이 들린다. 왕복 2차선 도로. 길가에 주차된 차량들 사이로 대형 버스가 두세 대 들어온다.

조방 앞. 먹자골목을 곧장 따라가면 국제호텔이 보인다

수신호가 없으면 당장 움직이기 힘들 정도다. 차를 빼달라고 소리쳐도 듣는 사람 없다. 하는 수 없이 관광객들이 먼저 내리면 그제야 길가의 차주가 등장한다. 서로 머쓱하게 인사만 하고 사라지는 사람들. 국제호텔 앞은 여전하다.

다르게 보면 이곳은 성인들의 놀이터다. 부산 연산동에 비해 규

국제호텔 주변은 어른들의 놀이터로 나이트클럽과 성인오락실이 있다

모는 많이 줄었지만 국제호텔처럼 변하지 않는 사람들도 있다. 성인용 나이트클럽이며 가요주점이며, 해가 지기 전부터 네온사인이 번쩍거린다. 멀리서 오는 지인들의 가이드를 하다 보면 고민되는 장소다. 국제호텔을 저녁에 들러야 할지 낮에 들러야 할지 말이다. 저녁에 오면 네온사인에 눈이 부셔 망설여지고, 낮에 오자니 동수의 죽음에 배가 간질거리니 난감한 상황이다.

국제호텔을 등지고 오른쪽 대각선 방향으로 20m 정도 걷다보면 전봇대가 나온다. 전기를 이동하기 위한 지지대로서 중요한 역할을 하지만 왠지 꺼림칙한 느낌이 든다. 아래위로 몇 번 훑어보면 기억

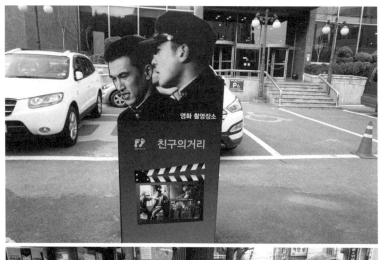

국제호텔 앞에는 영화 〈친구〉 기념비와 동수가 칼에 찔려 죽었던 장소인 전봇대가 있다

이 금방 날 것이다. 그렇다. 동수가 칼에 제대로 찔린 그 장소. 1993년 식 뉴르망에 부딪힌 동수가 쓰러지며 선택한 장소다. 비틀거리며 전봇대 앞에 털썩 주저앉아 등을 기댄다. 괴한은 숨 고를 틈 주지 않고서 달려든다. 한 방, 두 방. 계속 되는 사시미칼질에 동수는 몸에

힘이 풀리고 만다. 괴한도 이성을 잃으며 습관적으로 오른손이 나간다. 동수는 그를 어렵사리 쳐다보며 마지막 말을 남긴다.

"마이무따 아이가, 고마해라."

국제호텔을 알기 전에 '조방 앞'이 궁금해진다. 호텔에 가려면 조방 앞이라 적힌 표식을 따라 이동해야 한다. 일제 치하에 만들어진 조선방직공장. 줄인 말을 지명으로 쓸 정도지만 구역이 정해져 있지는 않다. 그 이유는 기차역이 공장 내부에 있을 만큼 광범위했기 때문이다.

열다섯 살 된 여학생들이 큰돈을 벌 수 있다는 꼬임에 넘어가 입사한 공장이다. 아무것도 모르고 시골에서 올라온 소녀들이 고통에 몸부림치던 그곳이다. 아픔이 진하게 묻은 자리지만 신발산업의 호황기에 파묻혀버렸다.

해방 후 부산은 신발산업의 전성기였다. 너도 나도 신발 공장에 취직해 임금을 받고 생활했다. 하꼬방을 탈출해보고자 열심히 일했다. 열심히 공부해 배를 불리고, 열심히 일해 따뜻한 곳에 잠을 자려 했던 사람들이다. 우리의 아버지가 그랬고, 우리의 어머니가 그랬다. 그들의 탄력에 힘입어 국제호텔은 1970년대 후반 조방 앞에 들어섰다.

영화 이전에 유명한 일화라면 고인이 된 김대중 전 대통령의 방문이겠다. 선거 유세 기간. 짧지만 전략적인 행동이 필요할 때다. 부

일찍이 시외버스터미널이 있던 조방 앞에선 웨딩홀을 쉽게 찾을 수 있다

산·경남의 민심을 얻고자 국제호텔에 잠시 머물렀다. 언론사들은 부산 어디에 머물렀는지 대서특필하며 국제호텔을 찬양하기에 바빴다. 재미난 건 노태우 전 대통령은 영주동에 위치한 코모도호텔에 머물렀다는 사실이다. 돌이켜보면 부산의 상징적인 호텔을 하나씩 점령하며 펼친 선거유세는 나름 성공을 거둔 셈이다.

　내가 이곳을 자주 찾는 이유는 동수 때문도 아니고, 먹자골목 때문도 아니다. 진짜 이유는 결혼식에 가기 위해서다. 슬픈 얘기를 하다 갑자기 결혼식이라니 일관성 없게 들릴지도 모르겠다. 하지만 1980년대 조방 앞은 웨동홀의 상징이기도 했다.
　부산의 아버지들이 신발산업을 여전히 찬양하는 게 이해가 된다.

부흥기에 생겨난 건 고급호텔과 성인용 나이트클럽, 음식점뿐만이 아니었다. 일자리를 찾아 부산을 찾았던 젊은 남녀들. 그들은 일찍 결혼하기를 원했다. 너도 나도 일찍 결혼하는 게 당연할 때라 어느 정도 자리를 잡으면 곧바로 결혼식을 올렸다. 경남 여기저기서 부산을 찾은 할머니와 할아버지들은 거동이 힘들었다. 그들의 불편함을 해결하기 위해 장사꾼들이 등장했다. 멀리 이동하기 힘든 가족 친지들은 조방 앞 근처 웨딩홀에서 식을 올렸다. 당시만 해도 시외버스 터미널이 조방 앞에 있었기에 가능했던 상황이다. 나의 친구들과 친척들도 이곳에서 새로운 삶을 시작했다.

신발산업의 몰락으로 웨딩홀의 규모가 축소되긴 했지만 여전히 건재한 업체들도 여럿 있다. 국제호텔 내부에도 웨딩홀이 있고, 한 블록 지나면 여기저기 간판에서 결혼식 분위기가 느껴진다. 만약 시나리오에 준석과 진숙의 결혼 신이 추가된다면 곽경택 감독은 이곳을 다시 한 번 찾을 듯하다.

 말말말

"첫 촬영을 하던 날은, 끝이 갈라지는 거친 목소리를 만들려고 며칠간 물도 안 마시고 촬영 두 시간 전부터 담배 세 갑을 피우기도 했어요."

배우 장동건 〈스포츠동아〉 (2001. 2. 25)

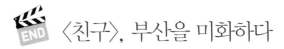# 〈친구〉, 부산을 미화하다

　중국인 관광객 급증. 2013년 50만을 넘기며 기염을 토해냈다. 한류 스타도 없는 부산에 무슨 일로 왔는지 궁금하다. 일본인들은 이해가 간다. 부산에서 장사를 했던 역사적 관계도 있으니 넘겨짚어 볼 만하다. 나는 이들 중 아직도 〈친구〉 촬영지를 찾고 있는 사람을 보았다. 2년 전 손가락으로 무엇인가 짚으며 길을 가르쳐 달라는 사람들을 만났다. 한 손엔 팸플릿을, 다른 한 손엔 핸드폰을 들며 대화 중이었다. 별다른 방법이 없었는지 길 가는 나를 붙잡았었다. 그들이 가리킨 건 동수가 죽은 장소.

　10년도 넘은 영화가 어떻게 중국으로 흘러간 건지는 알 수 없다. 우연치 않게 유학생을 통해 전달됐는지 몰라도 이 영화를 본 건 확실했다. 잠깐 따라오라며 가이드까지 해준 뒤 그들의 밝은 표정을 보고 나는 길을 재촉했다. 동수의 아픔을 함께 나누려는지 영화 속 그 거리를 보자 반가워한 관광객들이었다.

부산 사람이 생각한 영화 촬영지는 어떨까? 영화에 나왔다며 반가워 할지 아니면 만날 보던 거라 눈을 흘길지 궁금해 하던 친구도 있었다. 참고로 나는 반가웠다. 매일같이 보던 장소라도 영화를 본 뒤에 가보는 느낌은 확실히 다르다. 그냥 '그랬구나' 정도로 넘어가는 친구들이 대부분이었지만 영화를 좋아하던 녀석들은 눈빛이 달랐다.

사실 〈친구〉는 깡패를 미화했다며 비평가들의 몰매를 맞은 영화다. 사람 때리고 죽이며 돈 버는 게 제정신인 사람들이냐고 말이다. 그들을 영화에 등장시켰으니 어마무시했다. 흥행가도에 올라서며 실제 조폭 출신들의 잡음도 인터넷에 나돌기 시작했었다. 하지만 나는 깡패보다도 부산을 미화했다는 표현을 쓰고 싶었다. 이 영화는 곽경택 감독의 자전적인 이야기다. 그가 경험했던 사건, 만났던 사람들, 그리고 함께 했던 공간. 감독은 이 모든 것을 부산이란 필름에 담으려 했었다.

가장 인상 깊었던 장소는 매축지마을과 구름다리라 생각한다. 매축지마을은 부산에 살면서도 가보지 않은 사람들이 많다. 해운대 미포와 같은 존재라면 이해가 빠르겠다. 해운대에 가서 굳이 구석진 미포선착장에 위치한 횟집을 찾을 이유는 없다. 매축지마을도 마찬가지다. 이 영화가 아니었다면 없어졌을지도 모를 마을이다. 그 정도로 마을 모습은 흉흉했고, 왕래가 끊긴 음침한 곳이었다. 어르신들이 간혹 이야기하는 모습만 보았었지 유통 상인들이 들락날락거리는 건 거의 못 봤다. 동수가 다녀가며 〈아저씨〉도 꼬마를 구하러 오고, 〈마더〉도 아들 밥을 챙기러 매축지마을에 들렀다. 지금은 문화마을을 꿈꾸며 역사적인 뿌리를 알리는 데 노력 중인 곳이다.

반면 구름다리는 내가 정말 많이 지나다녔던 육교다. 큰 길로 가려면 많이 돌아가야 했었다. 지하차도가 생기기 전엔 굉장히 소중한 이동로였다. 영화에선 삼일극장과 구름다리를 이어놓았다. 허겁지겁 계단을 오르며 롤라장 음악이 흘러나온다. 그렇게 도착한 곳에서 친구들은 패싸움을 벌이며 학창시절을 마무리 하게 된다. 구청에선 이 거리를 〈친구〉의 거리로 지정했다. 그 다리가 어디냐며 가보고 싶다는 친구들을 안내할 때면 항상 어색했었다. 쓰레기 넘쳐나고 오물냄새 나던 이 다리가 이렇게 깔끔하게 정돈될 줄은 아무도 몰랐을 것이다.

이제는 영화인들을 반기는 추세다. 이따금씩 서로 촬영해달라며 경쟁을 벌이는 지역도 있다. 영화 촬영한다며 도로를 점거할 때마다 들리는 욕설은 거의 없어졌다. 주변을 기웃거리는 사람들. 그들은 어떤 배우가 나오는지 몰라 궁금한 눈초리로 쳐다본다. 부산을 거닐다 이곳이 영화에 나왔다며 사진 찍는 사람들이 많다. 너도나도 한컷. 나는 영화 촬영 때문에 부산을 찾는 소식이 반갑다. 바다를 넘어 영화의 도시로 갈 수 있을지 궁금해진다.

대신 미화에는 전제조건이 따른다. 그것은 사랑. 곽경택 감독과 윤제균 감독은 부산을 사랑한다. 부산이 고향이고, 이곳을 필름에 담고 싶어 한 장본인들이다. 자신의 집을 배경으로 영화 촬영을 한다고 생각해보자. 그 누구보다 잘 알고, 그 누구보다 구석진 곳을 소개할 수 있는 사람은 자신이란 것을 알 수 있다. 앞으로 어떤 감독들이 부산을 미화할지 알 수 없지만 사랑을 가지고 와주었으면 좋겠다.

PART 5

해운대관

이기대 도시자연공원 → 3km → 남천 삼익비치 → 1km → 광안대교 → 3.75km → 해운대 마린시티 → 1.65km → 해운대 바다마을 → 1.29km → 해운대 미포 → 0.8km → 달맞이고개 (총 11.5km)

둘이, 기생 기, 이기

희미   와, 경치 죽인다. 여기 이름이 뭐라구요?

형식   이기대요.

희미   이기대? 사람 이름이에요? 이름 특이하네.

형식   아이, 사람 이름이 아이구요. 옛날 임진왜란 때 기생 두 명이서 적
         장을 껴안고 여서 뛰 내리따 해가지고 이기대요.

희미   근데요?

형식   둘 이, 기생 기. 이기.

희미   그게 뭐요?

형식   둘 이, 기생 기, 이기. 원래 말끼를 그렇게……

(중략)

희미   (친구와 통화 중) 안돼, 나 오늘은 자고 내일 들어갈 거니까. 그렇게
         알아.

– 형식, 마시던 맥주에 사레가 들려 헛기침 중이다.

희미   왜요? 나랑 같이 잘 생각하니까 심장이 막 벌렁벌렁 거려요?

순진한 형식을 꼬시는 희미. 다짜고짜 나타나 어디론가 데려가 달라한다. 해운대에서 소방대원으로 활동하는데 주변 지리 모르면 큰일 날 판. 어디로 데려갈까 하다 늦은 밤 이기대를 찾았다. 연애 초반엔 역시 으슥한 장소가 좋다. 희미는 말주변도 없고 모태솔로 같아 보이는 형식이 점점 좋아진다. 요트에서 만난 재벌 3세 따위에 눈길 한 번 안 주던 그녀가 걸쭉한 사투리에 마음이 사르르 녹아내렸나 보다.

자고 간다는 말에 토끼 눈이 된 형식. 맥주를 입에 머금다 뱉어낸다. 헛구역질을 몇 번 하니 전화 받던 희미가 쏘아본다. 야한 대화를 아무렇게나 하는 남자들에 질린 표정이다. 별거 아닌 말에 심장을 콩닥이는 형식이 내심 반갑다. 가까이 다가가고 싶은 그 마음. 실수하면 멀어질 것 같고, 부끄러운 모습 보이고 싶지 않은 그 순간. 그건 희미도 마찬가지였다. 형식보다 어른인 척 해도 아름다운 바다를 볼 때만큼은 말괄량이 꼬마숙녀다.

"내가 먼저 속을 발랑까서 보여줄 순 없잖아."

적극적이지 않은 남자에 속상한 연희가 말했다. 지금 이곳엔 밀당 중인 예비 커플 대신 완숙에 가까워진 커플이 있다. 연희는 아버지 기일에 맞춰 만식을 산소로 데려간다. 산소 앞에 있으니 사랑을 속삭이는 분위기가 아니다. 어젯밤엔 분명 아름다운 광안대교를 보며 키스라도 할 것 같았는데 여기선 눈물만 흐른다. 같은 이기대이지만 다른 느낌. 고백하지 못하는 남자 만식을 앞에 두고 연희는 펑펑 울어댄다. 아버지를 바다로 떠나보낸 슬픔도 있겠지만 답답한 만식 때문에 기다리기 힘들다는 표정이다.

이기대, 부산의 가볼 만한 곳. 여행정보 사이트에 심심찮게 올라오는 헤드라인이다. 가볼 만한 곳은 맞다. 부산에 살면서도 이곳은 나에게 여행지나 다름없다. 오래 보아 친근한 느낌 대신 처음 만나 조심스러운 그런 기분이 든다. 영도의 가파른 절벽보다 완만해서 그럴지도 모르겠다. 파도가 시원하게 부딪히는 것도 아니고, 갈매기 떼가 와서 먹이를 달라고 입을 벌리지도 않는다. 사람들은 반대편에 보이는 또 다른 부산을 보기 위해 이곳을 찾는다.

경치가 죽인다고 말한 희미. 경치는 정말 죽인다. 일단 광안대교를 볼 수 있다는 사실이 플러스 요인이긴 하다. 근처 어디에서라도 보이는 다리인데 여기서 보면 감상에 젖기 십상이다. 물론 같이 온 사람이 있을 때 얘기다. 옆에 있는 사람의 어깨에 손을 올리기도 좋다. 어두워진 틈을 타 키스를 재빨리 해버리는 연인도 보인다.

만식의 표정을 보니 뭔가 마음에 들지 않나 보다. 낮에 들러서 그럴까? 광안대교 대신 저 멀리 해운대 앞 바다를 보기 위해 고개를 비튼다. 아침부터 낮 시간에는 산책로를 즐기기에 좋다. 조명 아래 걷는 것보다 햇빛을 받으며 바다 옆을 걷는 기분. 푸른 바다에 햇빛이

이기대공원에서 바라본 해운대. 해안을 따라 산책로가 잘 정비되어 있다

비치는 것을 보는 사람들. 넋을 잃고 보기에 좋다.

관광지에 힘을 쏟으며 뭔가 많이 생겼다. 해파랑길, 출렁다리, 치마바위. 한 번 듣고 흘린 내용들인데 친절하게도 명칭의 유래와 부연설명이 적힌 표지판도 등장했다. 오히려 여행객들에 의해 더 많이 알려진 것 같다. 그것들 중 내 마음에 확실히 끌리는 건 없지만 관광지 분위기가 나서 좋다. 절벽 따라 길도 제대로 나 있지 않던 이곳에 이동하기 편한 계단도 있다. 예비군 훈련장이 있어 들어가지 못했던 구역도 시민들이 지나다닐 수 있게 해놓았다.

둘 이, 기생 기. 임진왜란 때 수탈당한 조선을 위해 희생했던 두 여인. 술을 잔뜩 먹여 놓고 벼랑 끝까지 이동했다. 광안대교도 없을 때인데 무엇이라 속삭였을까? 그들은 출렁 한 뒤 바다 밑으로 영원히 가라앉아 버렸다. 어디까지나 속설이다. 두 기생의 무덤이 있다거나 고급 관료를 시중들었던 두 기생 때문이라는 얘기도 있다. 여러 의견이 있지만 두 기생의 존재감은 매우 컸었나 보다.

기생 얘기가 나오자 황진이를 말하는 사람도 있다. 적장을 껴안고 절벽에서 뛰어든 여인. 알고 보면 논개인데 헷갈리나 보다. 가끔 지나가며 기생 이야기가 들릴 때쯤 황진이도 등장한다. 모두 훌륭한 업적을 남긴 여성들이다. 절벽에서 바다를 보는 기분에 감정이 뒤틀릴 때도 있다. 높진 않지만 이기대에서 본 해운대에 가기 위해 뛰어내리고 싶어진다. 그만큼 멋지다.

4.7km 길이의 멋진 해양 산책로. 생각보다 길어서 나에게도 낯선 장소다. 매번 중간에 내려 경치 좋은 곳만 골라보니 당연한 결과다.

이기대. 나라를 위해 희생했던 두 연인의 혼이 파도 소리가 되어 들려온다

또한 내가 여행지라 생각한 건 이기대에 갈 때 이기대에 가지 않아서다. 충분히 갈 수 있는데 딴 곳으로 발걸음을 옮길 때. 다음에 가야지 하면서도 가지 않는 그런 장소. 어쩌다 들르니 관광객이 받은 느낌에 공감이 된다.

이기대 축구장은 내가 이곳에 들른 유일한 이유였다. 바다보다 잔디구장이 있어서 좋았다. 학교에 잔디구장이 있다는 게 생소했던 시절. 우리는 이곳에 들러 반 대항 시합을 벌였다. 축구에 뛰어난 소질은 없었으나 축구화는 챙겼었다. 축구화를 신고 잔디를 밟는 기분. 흙바닥에서 공을 차다 잔디로 온 기분은 밀당하는 커플들의 속내와 비슷했다. 인조잔디였지만 아무렇게나 뛰어도 다치지 않았다. 쓰러

이기대 체육공원에 있는 인조잔디 축구장과 넓은 광장

져도 훌훌 털며 일어나면 그만. 바람에 흙이 날려 입이나 눈으로 들어가지 않으니 시야도 넓어졌다. 유럽 축구 해볼 거라며 팀을 만들던 학생들. 그들은 시간이 지났어도 해안의 절경보다 이기대 체육공원에서 뒹굴었던 즐거운 기억을 더 소중하게 간직하리라 본다.

축구장에 가지 않을 때는 이기대 끝이라 불리는 곳으로 직행했었

산책로에서 보이는 오륙도. 해안 바위에 부딪히는 파도 소리가 생생히 들린다

다. 끝이라면 산책로 끝을 말한다. 산책로에서 볼 수 있는 절경을 뒤로 하고 찾아간 곳은 오륙도. 유람선 타고 한 바퀴 도는 기분보다 멍하니 바라보는 게 좋았다. 커다란 두 개의 섬밖에 보이질 않는데 왜 다섯 개라 그런지 이해하기 힘들었다. 배를 타고 한 바퀴 돌아보면

이해되지만 이젠 그저 바라만 봐도 좋다.

다음 번엔 만식과 연희, 그리고 형식과 희미 차례다. 탁 트인 곳에서 광안대교를 보다 끝으로 가는 것이다. 튀어나온 치마바위에 가려 바다 건너 오륙도가 보이질 않는다. 해안가를 따라 끝에 도착해야 볼 수 있다. 햇빛이 반짝이는 바다를 보며 걷는 기분은 상당히 매력적이다. 그렇게 사랑을 키워보는 것도 좋은 방법이다. 오륙도를 적극적으로 비추는 햇빛을 본다면 소심한 남자들이 자극 받을 수도 있겠다.

 말말말

"실제로 절대 4차원이 아니다. 다만 대답을 하기 전 곰곰이 생각하는 모습 등에 4차원이란 자막이 입혀지면서 이미지가 형성됐다. 만들어진 이미지가 강하다."

배우 이민기 〈Mnet 와이드 연애뉴스〉 (2009. 8. 24)

밑에 집으로 이사 한 번 하시고 오백 버시는 겁니다

– 집을 사겠다는 우석의 말에 집을 내놓은 8층 803호로 착각한 줄 아는 아주머니.

아주머니 아이고, 잘못 왔네예. 여는 10층 1003홉니다.

우석 이 집 정말 좋죠. 탁 트이가 바다 보이고 정남향에 해도 잘 들어
오고 골조도 딴딴하이 누가 짔는가 참말로 야무지게 잘 짔지요.

아주머니 아이 보이소. 우리는 집을 안 내났다카이.

우석 저는 이 집이 사고 싶습니다. 이천 오백 드릴게예. 밑에 집 이
천에 내났데예. 밑에 집으로 이사 한 번 하시고 오백 버시는 겁
니다. 우짜실랍니까?

아주머니 아이고, 뭐, 저 주씨라도 드실랍니까?

(중략)

– 가족을 데리고 집을 찾은 우석

우석 니 인자 글자 읽을 줄 알제? 함 읽어봐라. 자 뭐라 썼났는지.

건우 절대 포기하지 말자.

부동산 등기 전문 변호사 우석. 제주도 특산품인 파인애플을 들고 집 앞에 서 있다. 익숙한 듯 초인종을 두어 번 눌러본다. 신문 안 본다는 아주머니의 말에 변호사라고 대답하는 우석. 변호사라는 말에 눈동자가 커진 아주머니는 묶여 있던 쇠사슬 잠금장치를 풀어준다. 변호사는 고진감래, 우공이산 그 어떤 수식어도 필요 없는 단어다. 하늘의 별 따기라 불리던 자격증. 희소가치가 있던 시기라 한 마디면 모든 게 통했었다.

이 집을 사고 싶다는 우석. 신중하게 화장품을 고르던 아주머니는 신경이 예민해졌다. 집의 풍수를 읊어 대던 우석은 결정적 한 방을 날린다. 이천 오백. 아랫집이 이천에 내놨으니 하루 잠깐 고생하고 오백 버는 거란다. 어떻게 해야 할까? 오백은 큰돈이다. 지금도 큰돈이지만 그때는 더 큰돈이었다. 1980년대 초, 월급 15만원. 일 년 일하면 180만원. 10년 일하면 1800만원이다. 좋은 대우라도 이천 오백을 모은다는 건 불가능해 보였다. 부동산 열풍에 알뜰살뜰 모아둔 돈으로 보급형 주택을 선택한 사람이 있는 반면 웃돈을 줘서라도 좋은 집 찾아 이사 가던 사람들이 있었다.

"나중에 건우랑 연우랑 같이 살라고 아빠가 쌔맨 발라가 한 장 한 장……"

우석이 아들딸 앞에서 말했다. 내가 지었다고. 건설 현장에서 한 자리 차고 있는 사람들이 흔히 하는 말이다. 교량이나 아파트 같은 건축물. 꼭 자신이 진두지휘하고 설계한 것 마냥 소개한다. 그들은 엄청난 규모를 준공하기 위해 투입된 많은 사람들을 말하지 않는다. 거드름 피우는 건 아니다. 뿌듯함. 작은 구역 하나를 책임지며 완성했을 때의 쾌감. 지나가다 자신의 손이 조금이라도 들어간 아파트를 보면 왠지 모르게 들르고 싶은 기분. 지금 우석의 심정은 베테랑 건축업자의 마음과 다르지 않다.

남천 삼익비치는 아쉽게도 영화가 촬영된 장소는 아니다. 실제 우석이 살았던 곳이라 들러본다. 이곳을 다른 말로 표현하자면 부산의 부촌이다. 매매에서 실패할 수 없는 동네. 1980년대 남천동 삼익이라면 기겁했을 정도다. 백화점이 부도가 나며 대신동은 가라앉기 시작했다. 앉을 대로 앉아 추억 때문에 산다는 말도 나돌았다. 하지만 삼익비치는 지금도 건재하다. 부산에 부자가 많아진 요즘에도 부의 명맥은 여전히 유지되고 있다. 촌티나는 무지개 옷을 입은 친구들의 입은 여전히 수다스럽다.

우석이 살고 싶었다는 그 집. 실제 주인공은 158m²(48평)에 살았다고 한다. 지금 48평 아파트에 살고 있다는 것과 차원이 달랐다. 1990년대 후반, 위기 속의 삼익은 더욱 빛났다. 9년 뒤에 지어진 해운대의 유명한 한 아파트와 특정 평수에선 시세가 비슷했다. 매립한 지역에 준공한 아파트라 특별하게 생각한 것일까? 법조인, 롯데 자이

아무리 고급 아파트라지만 낡고 오래되어 날씨만큼이나 외관이 침울해 보인다

언츠의 유명 운동선수 등 돈 좀 만진다는 사람은 이곳에 다 있었다.

'절대 포기하지 말자.'

우석이 써 놓은 문장. 새벽같이 공사장에 출근해 겨우 몇 천원 받던 사람이다. 공부하는데 방해되지 않으려는 마누라. 아기가 태어났어도 뒤늦게 소식을 알렸다. 힘든 시기 같이 보내고 최고의 부촌에

입성하니 입이 귀에 걸릴 지경이다. 고생 많았다는 말 한 마디에 아내는 부끄러운 듯 고개를 숙인다. 광안대교 없어도 전망 좋은 집에서 광안리 보는 기분은 특별했다. 우석의 아들 건우와 딸 연우. 부촌이 뭔지 모를 나이에 본 광안리는 어떨지 궁금하다.

　남천동 삼익 재개발. 실패 모르고 자란 아이가 어른이 됐다. 해운대로 옮겨 갔어도 매물 구하기 힘들다. 30년이 넘어 재개발 할지 모른다는 소식에 투기꾼들이 몰려들었다. 30년 넘어도 재개발 못하는 지역 많은데 순조롭게 진행되는 게 대단해 보인다. 시공사들은 조합원의 득표를 확보하기 위해 연일 전쟁 중이다.

　재개발 소식이 들릴 때면 나는 부촌에 가려진 사실들이 떠오른다. 가려졌다기보단 사라졌다는 게 맞는 말 같다. 자살. 자살이란 단어가 사라졌다. 남천 삼익비치 주민들 사건 사고 소식에 자살이 몇 건 있었다. 믿기지 않아 화제가 된 경우다. 가질 거 다 가지고 편하게 사는 사람들이 목숨을 끊었으니 놀라운 사건이었다. 사업 실패한 기업인, 학생, 투병 중이던 할아버지. 배가 불렀다며 비난받았어도 죽은 자는 반박하지 않았다. 사람들은 부촌을 버린 그들의 심리가 궁금했었다. 뉴스 아나운서보다 선생님이 더 흥분했었다. 알 수 없는 흥분에 나는 섬뜩함을 느꼈고, 며칠간 머릿속에 맴돌았던 기억이 있다.

　자살 소식에 기분이 찜찜해도 잠시 뒤 벚꽃에 잊혀졌다. 나는 아

텅 빈 아파트 산책로와 대조되게 주차장에는 차들로 빼곡하다

남천 삼익비치는 벚꽃이 만개했을 때 찾아야 한다

파트 단지에 놀러도 많이 갔었다. 남천동에 위치한 방송국에서 공연을 본 뒤 한 번씩 들르던 코스였다. 네모반듯한 단지 주위로 피어 있는 벚꽃나무들. 차를 타고 멀리 이동하는 대신 나는 이곳을 찾았다. 벚꽃길이 예쁘게 조성되어 있어 주민 아닌 사람들이 더 많았다. 푸른 강 대신 시퍼런 바다에 분홍빛이 도니 가슴이 설레었다. 친구와 연인과 그리고 처음 보는 사람과도 걸었다. 분명 재미없는 얘긴데이 거리에서 나누면 특별했었다.

봄에 반짝하고서 이내 죽어 버린 남천 삼익비치. 겨울엔 그들이 감춰두었던 주름을 거침없이 드러낸다. 없었던 것도 아닌데 앙상한 나무 뒤라 유독 눈에 띈다. 세월은 피할 수 없는 운명인가. 오래된 섀시, 창고 같은 지하실. 쌀쌀해질수록 숨길 수 없는 부촌의 반대편이 조금씩 드러나기 시작한다. 평일에도 주차장을 가득 메운 차량들 앞에서 추억을 얘기하시는 어르신들의 발걸음 소리가 들려온다.

우석이 살았던 아파트. 지금 누가 사는지는 모른다. 우석을 잘 아는 사람이라면 알고 있을지도 모르겠다. 편안한 길 대신 험난한 여정을 시작한 그 사람. 어려움이 닥칠 것을 알고 마지막으로 광안리의 아름다움을 즐겼을지도 모르겠다. 한 번 둘러보면 그가 왜 이곳에 살고자 했는지 자연스레 알게 된다.

 말말말

"10년 전부터 구상한 이야기입니다. (중략) 30년 뒤에나 만들 수 있을 줄 알았습니다."

감독 양우석 〈뉴시스〉 (2014. 1. 10)

니 몇 밀 신노. 270 사믄 되나?

동춘 구두? 갑자기 구두는 또 왜? 오늘 그 뭐 야유회 간다 카더니 안 갔더나?

엄마 빨리 말이나 해라. 니 몇 밀 신노. 270 사믄 되나?

동춘 아, 몰라 사든지 말든지. 사람 바빠 죽겠는데 진짜.

– 갑작스런 급정거에 여러 차량들이 추돌한다.

동춘 이거 우짤꺼요? 내 저, 앞 유리 저 다 깨진 거 안비요? 이마로 받아가지고. 예?

– 멈춰선 차량들 중 만식이 형 어머니 금련과 아들 승현을 만난다. 광안대교를 덮칠 기세로 솟아오른 파도에 자신도 모르게 승현을 안고 어디론가 도망간다.

승현 삼촌, 할매 할매.

동춘 할매, 할매.

– 파도에 묻힌 광안대교. 손을 잡았던 승현과 아지매가 보이지 않는다.

동춘 아가씨 요만한 꼬맹이 못 봤어요?

– 도망가는 사람들 위로 컨테이너박스를 실었던 화물선이 기대어져 있다. 떨어지는 컨테이너박스에 몸을 숨기는 동춘. 잠시 뒤 자신이 붙인 담뱃불에 광안대교가 무너진다.

사고뭉치 동춘. 혼기가 지난 나이인데도 아직 정신을 못 차리고 있다. 오늘은 이 집, 내일은 저 집. 해운대 미포에서 낮술을 벗 삼아 신세한탄 중인 동춘. 마냥 어리게 보여 연희는 거들떠도 보지 않는다. 대야에 떡을 넣어 백사장을 기웃거리는 엄마. 동춘은 아직도 어미의 고마움을 느끼지 못했다.

"쪼맨한 중소기업인데 월급도 이백 가까이 준다 카더라."

엄마는 동춘에게 조심스레 면접 얘기를 꺼낸다. 면접이라니 화들짝 놀라는 동춘. 이 나이에 무슨 소리냐고 밥풀을 튀며 거절한다. 엄마는 동춘의 마음을 알지만 결혼도 하지 않고 놈팡이처럼 돌아다니는 게 마음에 걸렸다. 아는 사람한테 어렵사리 부탁해서 얻은 기회. 모두 자신의 잘못이라는 표정이다. 엄마는 아들에게 번듯한 직장을 선물해주고 싶은 마음이 앞선다. 동춘은 엄마에게 미안했는지 구두가 없다는 말을 슬며시 꺼내고선 집을 나선다. 동춘이 간 곳은 연희네 횟집. 술을 마신 뒤 취한 척 연기한다. 모든 게 짜여진 각본이었다.

"너거 아버지 우예 돌아가신 줄 아나?"

동춘은 진지하게 연희를 바라보며 말한다. 해운대에 제대로 된 쇼핑센터 하나 지어보려는 억조. 그의 걸림돌인 만식을 제거하기 위해 동춘이 투입됐다. 이번 일만 잘 되면 가게 하나 내준다는 말에 동춘은 해서는 안 될 말까지 해버린다. 연희 아버지의 죽음. 사고 아닌 사고란 걸 말해버린 동춘은 스스로 어른이 되는 줄 착각했나 보다.

메가쓰나미. 부산에서 이천 년을 살았어도 경험하지 못한 일이다. 윤제균 감독의 상상력이 현실을 만들고 있다. 대한민국도 지진의 위험에 서서히 눈을 뜨기 시작했다. 동해안을 중심으로 지층이 갈라지며 긴급 속보가 제법 있었다. 아직 한국은 때가 아니라며 쉬쉬해도 지진 경보기를 설치하는 등 발 빠른 대응에 만전을 기울이는 사람도 늘었다.

김휘 박사가 말한 것처럼 쓰나미에 대마도 지진까지 겹치면 부산이 물에 잠기는 건 시간문제다. 피서객들이 서로의 몸을 훔쳐볼 때 윤제균 감독은 이런 상상을 했다고 한다. 백만 인파가 몰린 해운대에 쓰나미가 닥치면 어떻게 될까? 진짜 어떻게 될까? 궁금하지만 영화는 영화로 끝났으면 좋겠다.

가게 하나 내준다는 말에 비밀을 털어놓고선 마음이 불편했나 보다. 그는 동래온천장에 가려는 만식의 어머니와 아들을 대피시킨다. 참고로 동래에 가려고 광안대교를 타는 것 자체가 이상했지만 감독이 숨겨놓은 장면이라 생각한다. 오히려 다리에서 동춘을 만난 게 다행이었다. 모르는 사람이라면 무시했지만 그러지 못했다. 담뱃불만 아니었다면 만식이 평생 형님으로 모셨을 사람이 될 뻔했다. 기름 강이 된 광안대교 도로 위. 동춘은 씁쓸함을 지우려 불을 붙이다 결국 다리를 폭파시킨다. 쾅!

광안대교 신은 어떻게 보면 굉장히 코믹한 장면이다. 동춘의 캐릭
터에 맞게 사고 한 번 시원하게 쳤다. 절정에 다다르는 부분인데 의
외의 선택이었다. 다들 눈물 흘리고 콧물 흘리는데 동춘만 철부지로
남았다. 나는 이런 상상을 한 번도 해보지 못했다. 광안대교가 폭발
하다니. 대교를 달리다 시원하게 보이는 바다만 생각했었다. 아름다
움을 파괴하려는 생각. 상징적인 것이 무너졌을 때 밀려들어오는 막
막함. 나에겐 해운대 파도보다 더 잔인한 순간이었다.

광안대교는 부산의 랜드마크다. 상징 그 자체. 랜드마크라 불리는
것들은 여기저기에 존재한다. 하지만 광안대교는 특별하다. 짧은 역
사에다 인공 조형물인데도 사랑을 듬뿍 받고 있다. 이유는 나도 모

르겠다. 제대로 된 마케팅 한 번 하지 않았는데 왜 좋아하는 것일까? 기다란 대교는 어디에나 존재한다. 모르겠다. 억지로 끼워 맞출 수 있으나 볼 때마다 다른 느낌을 무엇이라 말해야 할지 난감하다.

공사기간 8년, 총 공사비 7,899억원, 열다섯 살, 총 길이 7,420m. 길이가 뽐내는 기술적인 측면도 있지만 상층부에서 바라보는 주변 경관이 일품이다. 이동 편의를 위해 들어선 버스노선도 있다. 분명 목적지에 다다르는 게 목표인 대중교통이지만 나에겐 짜릿함이 우선시 된다. 대교 위를 지나는 기분, 느껴보지 않으면 모른다. 액셀을 밟는 차 안에서 광안리가 내려다보인다. 관광하러 들른 것과는 느낌이 확연히 다르다.

총길이 7,420m의 광안대교는 국내 최초의 2층 해상교량으로 특히 야간 조명 경관이 빼어나다

지금의 광안대교는 영화 촬영지 및 광고 배경으로 적극 활용되고 있다. 2014에는 자동차 광고만 무려 8편이 촬영되었다. 이국적인 풍경의 고층 빌딩과 요트경기장 등 자동차 광고가 원하는 이미지를 두루 갖췄다는 마케터의 후문이 있었다. 통행료 1천원 내고 달리기엔 너무 저렴한 가격 아닐까? 국내에 판매되는 외국 자동차도 광안대교를 찾았다.

광안대교 위를 걸어보고 싶지만 통행은 불가능하다. 방법이 전혀 없는 건 아니다. 마라톤에 참가하면 된다. 부산바다하프마라톤, 부산 사람들도 두 발로 밟지 못하는 광안대교이기 때문에 참가신청을 빨리 해야 한다. 뛰는 도중 떨어질 것 같아 중간으로 오면 스릴을 느낄 수 없다. 다리가 폭파되는 상상보다 현실적이다. 대교 위에서 아래 광안리 앞 바다를 내려다보는 기분. 아주 강렬한 느낌으로 내 기억에 자리 잡고 있다.

기분이 좋다. 나는 자주 보는 편인데도 좋다. 정말 많이 봤는데 또 봐도 좋다. 나이도 한참 어린 친구가 왜 이렇게 감수성이 충만한지 모르겠다. 광안리에 올 때마다 떠오르는 풍부한 글귀를 전부 소화해 내기란 참으로 어렵다.

근처를 지나다 갑자기 생각날 때가 있다. 그럴 땐 망설이지 않고 바다로 향한다. 내가 이곳에서 가장 먼저 하는 일은 카페를 찾는 일이다. 오늘은 어떤 카페에 갈지 고민한다. 지난 번엔 저기를 갔으니 이번엔 이웃집도 들러보자는 생각이다. 커피를 제대로 알고 싶어 자

광안리 카페에 앉아 바라보는 광안대교는 위치에 따라 다르게 보인다

료조사도 해보았지만 제자리걸음이었다. 나는 카운터 앞에 서면 일단 따뜻한 아메리카노 한 잔을 주문한다. 그리고 광안대교가 잘 보이는 자리에 앉는다. 종이 같은 노트북을 꺼내고 기지개를 한 번 켠다.

막혔던 생각이 내려간다. 고민하던 것들이 사라진다. 잘 써지지 않던 문장도 순식간에 내려가진다. 마약이라도 먹은 것처럼. 커피는 식어 가는데 입에 몇 번 대지 못한다. 잠시 멈춰지면 그 때 한 모금. 푸른 하늘 보며 한 모금. 광안대교 보며 한 모금. 외국인들 보며 한 모금. 다음 날 읽어보니 엉망이다. 결국 다시 정리하며 씁쓸한 웃음을 짓는다. 카메라엔 커피 잔 뒤로 보이는 광안대교만 수십 장 찍혀있다.

철부지 동춘. 다음 번엔 담배 말고 커피 한 잔 하고 갔으면 좋겠다. 폼 잡기도 좋고, 친구에게 자랑하기도 좋다. 신발에 모래가 들어가지 않아도 바닷물에 발을 담근 기분이다. 횟집에 일하는 연희도 이곳을 좋아할 게 분명하다. 소금물에 섞인 비린내도 좋지만 가끔 바다에서 풍기는 커피향을 맡아 보는 건 어떨까? 사소하지만 연희가 분명 감동받으리라 생각된다.

 말말말

"(영화 〈숙명〉에서 마약중독자 역할을 한 뒤) 비호감을 호감으로 바꿨다."

배우 김인권 〈아경e〉 (2009. 9. 8)

차 세우라고 그래, 차 세우라고 그래

> – 앤드류의 손짓에 팹시는 귀걸이를 빼준다. 수갑을 풀자마자 경찰의 총을 뺏어
> 들고서 위협을 가한다. 뽀빠이는 그 틈을 타 자신의 수갑을 풀고 탈출을 시도
> 한다.
>
> **앤드류** 손 들어! 손 들어!
>
> **뽀빠이** 차 세우라고 그래, 차 세우라고 그래.
>
> – 흔들리는 차량에 팹시는 열쇠를 놓치고 만다.
>
> **앤드류** 야 뽀빠이, 핸들 잡아.
>
> – 선착장에 멈춰선 연행 차량. 어수선한 틈을 타 줄행랑치는 앤드류와 뽀빠이.
> 팹시는 당황한 나머지 수갑을 찬 손목을 흔들어 보지만 별 수 없다. 팹시는 기
> 울어지는 차량과 함께 물속으로 들어가버린다.

비겁한 남자들. 최소한의 동료애도 없는 남자들. 잇속만 챙기고
도망간 남자들. 팹시는 그런 남자들에 몹시 실망했다. 한 번이라도
뒤를 돌아봤다면 마음은 덜 아플 텐데. 건장한 경찰마저도 가버렸다.

그들은 도둑만 잡는지 어려운 사람 구하는 담당은 따로 있나 보다.

팹시는 항상 당하는 쪽을 선택했었다. 엘리베이터에서도, 선착장에서도. 이유를 찾아보니 한 남자가 있음을 알아냈다. 뽀빠이. 챙겨주는 척 하지만 꿍꿍이를 숨기고 있는 남자. 하지만 훤칠한 얼굴에 간질거리는 미소가 너무 멋지다. 감정은 없어도 왠지 속아줄 수 있을 것 같다. 죽음의 위기에 처한 팹시는 드디어 깨달았다. 어떤 남자가 진짜 남자인지를.

살려달라고 말도 못한 채 물속에 혼자 빠졌다. 혹시 손잡이가 떨어질까란 희망을 가지며 흔들어보지만 미동도 하지 않는다. 팹시는 마음을 내려놓았다. 이것이 내 운명인가 하고 죽음을 기다렸다. 그 순간 괴한이 등장했다. 더러운 물 때문인지 눈물이 앞을 가렸는지 모르겠지만 누군지 짐작하기 어려운 상황이었다. 마음을 비우면 빛을 볼 수 있다는 말이 있다. 세상 한 번 모질게 살아본 어느 노인네의 명언이 떠오른 순간이다. 팹시가 살려는 생각을 버리자 한 줄기의 빛이 찾아왔다.

"잘 챙기준나?"

억조가 운전기사에게 물었다. 신사라고 자부하는 사람들 사이에서 돈가방이 오갔다. 골든 비치 사업에 박차를 가하는 억조. 선주시절 악몽을 뒤로 하고 사업 한 번 제대로 해보고자 안간힘을 쓰고 있

해운대 마린시티 ⓒ 해운대구청

다. 작은아버지 무시하는 만식이 버티고 있지만 어른들의 무서움을
보여주려 한다. 넥타이 매고 멋진 정장을 입어 신사다워 보이는 사
람들. 그들이 큰일을 한다지만 팹시를 구하러 와줄 것 같지는 않다.

성공, 부, 탐욕. 심란하게 요동치는 3박자에 춤을 추다 지칠 때면
어딘가에서 쉬고 싶어진다. 따스한 햇살에 긴장을 풀어주는 산들바
람. 역시 이런 곳에서 쉬어야 피로가 풀린다. 그들이 쉬는 곳은 부촌
이다. 부산 부촌의 끝장판. 대신동에서 삼익비치로 이사 간 사람들.
이젠 마린시티에 옹기종기 모였다. 그곳에 산다고 해서 모두 부자는

부산의 스카이라인을 바꿔놓은 마린시티. 아래는 포토 존으로 유명해 관광객이 들르는 장소

아니다. 등기부등본을 열람해보지 않아 누가 이자를 메우느라 바쁜
지 알지 못한다.

2011년, 으리으리한 아파트에 사람들이 구름같이 몰려들었다. 부
산 최고의 도심지인 마린시티가 탄생한 순간이었다. 대형 건설회사
들은 해변가는 역시 호텔이라는 공식에서 벗어나 주상복합시설을
만들어 수익을 올리자는 방향으로 돌아섰다. 발상의 전환. 부산 시
민들에게 제대로 먹혀 들었다. 흔히 명품은 경기 흐름을 타지 않는
효자손이라는 말이 있다. 글로벌 금융위기가 발발한 지 십 년이 채
되지 않았음에도 신문에 등장한 '청약 경쟁률' 이야기는 지금도 흥밋
거리다.

$99m^2$(30평)를 기준으로 잡자면 부산의 보급형 아파트에 비해 4, 5
배는 된다. 무엇이 그들의 마음을 움직였을까? 남천 삼익비치가 재
개발되면 각축전이 예상되는데 쉽게 이사 갈 것 같지는 않다. 공교
롭게도 영화 속에서 큰 거 한 방 노리는 사람들도 이곳을 기웃거렸
다. 쳐다보고 지날 만도 하다. 수도권 핫플레이스에 비하면 저렴하
지만 중급 도둑들의 마음을 움직이기엔 충분했다.

앤드류, 팹시, 뽀빠이는 이 동네를 보기 위해 순간이동까지 감행
했다. 분명 마카오에서 붙잡혔는데 실랑이를 벌이다 보니 마린시티
에 도착한 것. 마카오와 통하는 부산 마린시티 게이트. 어느 위치에

있는지 알려주면 좋겠다. 순간이동한 건 좋았지만 너무 성급했다. 천천히 돌아보고 착실히 계획 세워야 할 것을 한 방에 터트리려 한 게 문제였다. 그 부분만 조심했다면 뽀빠이는 돈도 얻고, 팹시도 얻었을 텐데 말이다.

　계획은 잘 세웠지만 지름길로 가고 싶은 남자도 있다. 수완 좋은 사업가 억조. 뽀빠이보단 인간적이지만 치밀하다. 마린시티 앞에서 뒷거래 하는 탁월한 선택. 고급 외제차 몇 대 지나간다고 해서 박수 치는 사람 아무도 없다. 억조가 그린 그림은 분명 고층 빌딩 몇 채를 쌓아올리는 일. 패션타운 설립인가만 잘 해결되면 마린시티의 대장 역할 제대로 할 수 있는 모양이다.

　친구와 부촌 얘기하고 있으니 지겨웠다. 나는 그저 예쁜 것만 보고 싶었다. 오후 여섯 시. 여름이라면 조금 기다려야 한다. 기다릴 가치가 있다. 나는 잠시 뒤 춤추는 마린시티를 위해 이곳에 왔다. 고층 빌딩들이 하나둘 잠에서 깨어날 때 사람들의 입에선 환호성이 터진다. 어떤 친구는 오늘 파란색 옷을, 그 옆의 친구는 주황색 옷을 입었다. 예쁜 친구들이 많아 어디에 눈을 둬야 할지 모르겠다.
　고층 빌딩에서 발산하는 아름다운 빛은 포토존의 배경으로 유명하다. 흔히들 마천루라고 부르지만 내 생각엔 글쎄다. 주상복합이라는 타이틀이 뭔가 마천루와 연결되지 않는 느낌이다. 대신 아름다움

각각 영화의 거리와 수영교에서 바라본 마린시티

을 부정할 수 없다. 바닷물에 비친 마린시티는 정말 환상적이다. 어두컴컴한 밤에 무지개가 생기다니 이상 현상이 아닌지 의심도 해본다. 주변엔 인생의 심각함을 겪은 사람들이 있다. 괜찮다. 누구나 충격적인 일을 겪기 마련이니깐. 야심한 시각에도 괜히 카페에 앉아 폼을 잡는 게 아니다. 이 거리를 지나면 누구나 그렇게 감상하고 싶어진다.

오늘은 내가 너무 늦게 왔다. 해가 지기 전에 한 시간만 일찍 와도 영화배우들을 만날 수 있다. 마린시티를 두른 영화의 거리에서 반가운 인물들이 있다. 잠파노, 팹시, 앤드류, 뽀빠이 등 중급 도둑들의 손자국이 남아있다. 흔적을 남기지 않아야 일류 도둑인데 아직 멀었나 보다.

 말말말

"아, 이건 우리들, 우리 배우들 얘기구나."

배우 김혜수 〈아경e〉 (2012. 7. 20)

난 우리 아이 절대 포기 못해

> **희미** 야 이 개새끼야!! 오빠가 아무리 그래도 소용없어. 사랑이 장난이
> 니? 사랑한다며 서울까지 오가며 꼬실 때는 언제고, 이제 와서 헤
> 어지자고? 니가 인간이야!!
>
> **형식** 와, 나한테 와이랍니까? 지금.
>
> **희미** (울먹이며) 난 우리 아이 절대 포기 안 해. 아니 못해. 꼭 낳을 거
> 야. 꼭 낳아서 나 혼자라도 키울테니까. 갈테면 가. 가. 가란 말이
> 야! (대성통곡하며) 아가.
>
> – 형식의 소방대원 동료들 발끈하여 자리에서 일어난다. 그들을 향해 손사래 치
> 는 형식. 갑자기 횡설수설하며 울먹이는 희미를 보며 어쩔 줄 몰라 한다.
>
> **희미** (테이블에 머리 박으며) 나 같은 년은 죽어야 돼, 죽어야 돼, 죽어야
> 돼, 죽어야 돼.

이화여대 연기전공 중인 김희미. 아니, 그리고 싶은 그녀. 비키니
를 입고 해변가에서 물장구치는 대신 수학의 정석을 펼쳐든 용감한

사람이다. 담배를 피우려다 바다에 떨어진 그녀를 구해준 형식. 코믹한 설정에도 진심이 묻어나는 건 사랑을 원하는 두 남녀이기 때문이다.

사랑, 아니 먼저 연애. 어쨌든 이성과의 교감이 무척 고픈 두 사람이다. 언제 마지막 연애를 했는지 까마득해 보인다. 연애를 오랫동안 못한 이유가 궁금하다. 키가 훤칠하고 매력적인 형식과 톡톡 튀는 예쁘장한 희미. 영화 속에서 만난 이 캐릭터들의 연애관이 궁금하다. 공부 때문에, 원하는 일이 있어서, 나이 차이가 너무 많이 나서, 돈이 많이 나가서, 딱히 마음에 드는 사람이 없어서, 상처 받고 싶지 않아서. 글쎄, 이유는 무궁무진하다. 이것도 저것도 아니라면 첫눈에 반하길 원하는 그런 남녀일지도 모른다. 어떤 끌림에서 오는 특별한 느낌. 해운대에선 가능하다.

"사람 갖고 장난치지 말지요."

화가 난 형식이 말했다. 밀당 중인데 갑자기 기분 나빠진 형식. 바다마을에서 소주 한잔 하고 키스도 진하게 했는데 뭔가 장애물이 생겼다. 희미에게 차이고 자존심 상한 재벌아들이 훼방을 놓은 것. 순진한 형식과 자초지종을 듣지 못한 희미는 틀어질 수밖에 없는 상황이다. 갑자기 나타난 재벌아들의 말을 완전 무시할 수 없다. 이곳은 해운대니까 이해된다.

처음 보는 남녀, 서로의 끌림을 확인한 상태다. 더욱이 진도 팍팍

고층 빌딩 사이에 있는 포장마차촌에서는 해운대 분위기로 회를 먹는다

나가자는 적극적인 희미도 있다. 그런데 형식은 망설여진다. 잘 몰라서. 만난 지 얼마 되지도 않았기에 신뢰감이 깨질 수 있다. 해운대에선 그런 경우가 많다. 전국 각지에서 모여든 선남선녀들. 서로의 감정을 확인하려다 틀어지는 경우가 다반사다. 진지함보단 3박 4일간의 가벼운 만남을 원한다. 해운대니까 가능하고, 해운대라서 아쉬운 점이다.

희미가 술주정 하는 곳은 해운대 포장마차촌이다. 자세히 보니 무엇을 시켜먹는지는 나오지 않았다. 몸에 가려져 작은 접시 끄트머리가 보인다. 낙지, 소라, 전복, 물멍게 등 안주 한 접시로 나올 만한 건 많다. 랍스타 코스 요리는 부산물이 많기에 범위를 넘어서는 것 같고, 가볍게 소주 한잔 마시며 맛볼 수 있는 해산물이겠다.

희미 뒤로 빈자리에 손님을 받으려는 아주머니가 보인다. 슬리퍼를 신고 돌아다니는 연인들. 어디로 가야 할지 고민되나 보다. 단골집이 없다면 대부분 가게의 맛은 비슷하다. 해운대 인근 미포, 청사포에서 잡아 올린 싱싱한 해산물을 들여오는데 맛이 다른 것도 이상하다. 혀끝이 아닌 내 심장으로 맛을 보려면 한두 군데 기웃거려봐야 한다. 똑같은 포장마차라도 손님들이 몰리는 곳이 있다. 홍보 방법에 따른 영향인지 줄까지 서서 기다린다. 언제 다 마실지 모르는 소주를 보다 다른 곳에 가버리는 사람도 있다.

2001년, 해운대 포장마차촌은 월드컵 특수를 누렸다. 지금 생각해보면 반드시 특수를 받은 건 아니었다. 진화했다는 정도. 이곳이 바다마을이라 불리게 된 시점도 한일 월드컵 유치 때문이었다. 나에겐 바다마을이 아직도 생소하고, 아마 부산의 많은 사람들이 그러할 것이다. 술맛 좀 아는 친구들이 해운대에서 소주마신다고 하면 대부분 이곳에 모여 있었다.

해운대에 유명한 클럽, 바, 호프가 많아 술을 마실 수 있는 곳은 넘쳐난다. 그런데 왜 불편함을 무릅쓰고 포장마차까지 와야 할까? 해운대 끄트머리에 공영주차장이 있어 조금 걸어야 한다. 더욱이 마린시티 근처까지밖에 가지 않는 대중교통에 야속함도 든다. 이것저것 다 따져도 호텔 근처 주점에 사람이 넘쳐나야 하는데 아이러니 하다.

특별히 내세울 만한 역사는 없어도 고층 빌딩 사이에 버티고 있다. 장사꾼들이 모여든 건 1970년대라 들었다. 신발 만들기 바쁠 때에 갑자기 관광이라니 뚱딴지같은 소리였다. 지인 판매 수준에서 시작된 게 지금은 상수도 시설까지 갖추게 되었다. 위치도 이전했다. 동백섬 근처긴 하지만 도로정비 명목으로 상인들이 시위를 했던 게 기억난다. 구청과 상인이 만나면 당연히 일어날 일이라 생각해서인지 점포 수가 줄어도 크게 느끼지 못했다. 많을 때는 100개가 넘는 점포가 있었다고 한다. 내가 지나치며 본 건 수많은 포장마차가 몰린 거리. 그런 느낌이 전부였다.

부지 임대료를 지불하지 않고 형성된 지역이라 거세진 항의를 피할 길이 없었다. 정리하고 정리하다 지금은 40여 개의 점포만 남았다. 까다로운 협상 때문에 새로 들어오지도 못한다. 이제 남은 상인들로 포장마차촌을 운영해야 한다.

가격은 오픈되어 있다. 한 번도 가지 않은 사람이라면 사전조사하기 마련인데 그런 점에선 정보를 쉽게 얻을 수 있다. 월드컵이 뭔지 빨간 포장마차를 파란 포장마차로 바꾸었다. 영어, 중국어, 일본어도 등장했다. 수확량에 따라 생선의 가격이 달라질 수 있지만 희미가 먹던 일반적인 해산물 한 접시 가격은 모두 동일하다.

비싸다. 바가지 씌운다 등 부정적인 의견도 돌고 있다. 오히려 부산국제영화제가 해운대로 옮겨지면서 더 크게 들리는 것 같다. 이런 소리는 정리되기 전에 나왔어야 하는데 의외였다. 아무래도 처음 와 본 사람이라면 충분히 그런 느낌 받을 수 있겠다. 랍스터 코스 요리를 보다 그냥 지나쳐서 그런지도 모르겠다.

포장마차촌은 밤에 볼 수 있는 해운대 분위기로 회를 먹는다. 나는 낙지나 소라를 많이 주문했었다. 어디서나 먹을 수 있지만 이곳에서도 먹을 수 있어서 좋았다. 손님들이 가끔 회와 곁들여 먹을 수 있는 다른 식사류를 찾기도 한다. 아주머니는 잠시만 기다리라고 하시곤 어디서 또 구해오는 모습을 많이 봤었다. 그렇게 해서 단골되는 손님들. 장사 30년 이상 하면 얼굴만 봐도 예전에 왔는지 아신다고 하는 아주머니. 한 접시씩만 먹고 가서 그런지 아직 내 얼굴은 모르신다.

 말말말

"(취중연기를 하며) 술에 취해서 나중에는 대사가 생각이 안 나더라."

배우 강예원 〈KBS 해피투게더〉 (2012. 9. 28)

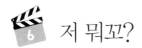

저 뭐꼬?

> ─ 석고대죄 중인 만식. 아버지의 죽음에 만식이 관련되어 있어 연희는 심란하다.
> 말싸움이 없자 주변 소리에 귀를 기울일 수 있다. 엄청난 파도. 연희는 순간 얼
> 음이 된다.
>
> 만식   저 뭐꼬?
>
> 연희   오빠야.
>
> ─ 연희는 만식의 손을 잡고 어디론가 뛰쳐나간다.

"17층 1호."

유진은 떨리는 목소리로 말한다. 수화기 너머 김 박사는 잃어버린 딸 지민이를 애타게 찾고 있다. 같이 온 남자는 연락두절. 저마다 사연이 있지만 지금 정작 필요한 건 휘다. 엘리베이터에 갇힌 유진은 자신의 위험함을 알리지 않았다.

얼터너티브 영화. 주인공이 누구인지 끝까지 알 수 없다. 어느 땐

만식이었다, 어느 땐 유진이었다, 너도나도 주인공이다. 영화 〈넘버 3〉가 시초일까? 나는 뿌리를 찾는 대신 쓰나미가 해운대를 덮치는 장면만 집중했다. 하나 더, 도망가는 사람들도.

치밀하다. 발단과 결말을 최대한 압축시키며 함축적 메시지를 전달하려는 의중도 돋보인다. 가장 슬픈 장면이라면 동춘의 어머니가 돌아가신 일. 아들 면접을 위해 구두를 사러 갔다 봉변을 당하셨다. 유정이를 안고서 헬기에 탄 것까지는 화면에 나오지만 뒷얘기는 감추어 놓았다. 동춘은 세상을 떠난 어머니의 영정사진을 끌어안고서 하염없이 눈물만 흘린다.

상업영화가 주는 감동을 무조건 삐딱한 시선으로 바라보기가 어려웠다. 위기에서 빛나는 사랑이란 주제를 끝까지 밀고 나갔다. 갑자기 누군가 죽어야 한다는 재난영화의 조악한 면만 보기엔 치밀한 구성을 먼저 칭찬하고 싶었다. 우연이 없었던 영화. 도움을 주면 도움을 받게 되고, 사랑을 주면 사랑을 받게 되는 인간 내면의 모습을 표현했다.

작은아버지와 화해한 만식을 통해서도 비슷한 느낌을 전달해준다. 배만 타던 만식과 달리 사업수완이 좋았던 억조. 태풍이 몰아치는 날 출항을 강행한 억조와의 불미스런 사건. 어느새 커져버린 앙금은 미포를 둘러싼 상권다툼으로 이어졌다. 물러서지 않는 두 사람은 서로 칼끝을 겨누나 싶었지만 쓰나미가 그 둘을 화해시켰다. 해운대

해운대 미포 선착장에 정박된 고기잡이배들. 아래는 해운대시장

시장에서 떠내려가던 만식을 잡아준 억조. 안간힘을 써 끌어올리자
떠내려 오는 간판에 머리를 맞고 물속으로 사라진다. 억지스러움을
완전 배제할 수는 없지만 있을 때 잘해달라는 염원이 담긴 신이다.

이들은 미포에서 해운대시장까지 도망쳤다. 큰 길로만 가면 대략
1km의 거리다. 해변가에서 놀다 지쳤다면 이 길을 따라 한 번 걸어

보는 것도 좋겠다. 뜨거운 태양 아래 쓰나미가 온다고 생각하고 해운대시장 입구까지만 가도 등에 땀이 흥건하다. 도로에 물이 넘쳐 수영실력 뽐내고 싶다는 허무맹랑한 생각도 해본다. 목숨 걸고 이 거리까지 도망친 연희와 만식에게 미안하지도 않은지 나는 유명한 분식집과 국밥집만 찾아다녔다.

와우산의 꼬리, 미포. 새벽에는 출항을 기다리는 선원들과 해녀들이 모여 있다. 날이 밝아도 어두운 분위기는 가시질 않는다. 부산 사람도 해운대 미포는 잘 알지 못한다. 인근 거주자나 특별히 볼일이 있는 사람 아니면 쉽게 발길이 닿지 않는 곳이다. 영화 덕분인지 관광객들이 한 번씩 들렀다 가는 코스가 됐다. 해운대 끝자락인데 왜 그런지 묻는 친구에게 나는 별 다른 이유가 없다고 했다.

"거기까지 갈 이유가 없으니까."

그렇다. 반대편까지 갈 이유가 굳이 없었다. 더운 여름에 물장구치기 위해 저 멀리까지 가지는 않았다. 또한 회 한 접시에 소주 한잔 하려면 포장마차촌에 가면 된다. 백사장 뒤로 생겨난 크고 작은 호텔들 뒤로 유흥업소며 맛집이며 편의시설이 줄지어 있다. 이들을 제쳐두고 해운대의 변방을 선택하기란 어려운 일이다. 마지막으로 결정적인 한 방은 미포 위로 뻗어 있는 달맞이고개다. 부산의 몽마르트르. 발에 물 좀 담그다 이동하는 해운대 관광 코스의 종착역이다. 영화가

미포의 키가 작은 빨간 등대. 미포와 해운대시장엔 작은 횟집들이 많다

아니었다면 미포는 여전히 해운대의 변방으로 남았을지도 모른다.

영화 그 이상의 영화가 촬영된 적 있었다. 윤제균 감독이 만들어 낸 메가쓰나미보다 훨씬 더 고통스런 재난상황이었다. 2003년 9월 12일에 들이닥친 태풍 매미가 그 주인공이다. 최대풍속 40m/s의 강력한 폭풍우는 제주도부터 휩쓸기 시작하며 경남 일대를 초토화시켰다. 영화는 흥미로웠지만 현실은 달랐다.

두려웠다. 창문도 제대로 열지 못했던 그 순간. 아파트 방충망이 떨어지며 기물이 파손되는 사고가 빈번했다. 해운대나 광안리 근처는 그야말로 풍비박산이었다. 3, 4층 높이의 파도. 호텔이야 그나마 문을 걸어 잠그면 됐지만 쇠사슬로 꽁꽁 묶어둔 노점은 형체도 없이 사라져버렸다. 뒤집어진 고기잡이배와 끊어진 고압 송전선로는 사람들을 불안에 떨게 만들었다. 이건 해운대만의 문제가 아니었다. 전기가 들어오지 않아 촛불로 불을 밝히는 집들이 많았었다. 잇따른 결항에 욕설만 해대던 사람들도 포기한 채 숨죽이며 밤을 지새웠다. 집이 무너져 거리로 쫓겨난 어르신들도 있었다. 하꼬방이 버티면 얼마나 버틸 수 있었을까? 손을 얼굴에 파묻은 채 눈물을 흘리던 할머니가 생각난다.

13년이 지난 뒤 무시무시한 태풍 차바가 또 다시 경남을 강타했다. 특히 바닷가에 직격탄이 된 차바는 포장마차촌이며 해운대시장이며 할 것 없이 자비를 베풀지 않았다. 부촌이던 해운대 마린시티도 예외는 없었다. 영화의 거리 보도블록이 깨지며 아수라장이 됐고, 차량들은 물에 뜬 채 고층 빌딩 입구 주변에 부딪혔다. 경남으로 뻗어나가는 고속도로 여기저기서 산사태 소식이 들려왔고, 울산도 마비시켜버렸다. 영화를 방불케 하는 실제 재난 상황. 태풍 피해의 당사자라면 영화에 공감하기보단 화가 날 게 분명하다.

아마 미포 철길이라면 많은 사람들에게 익숙하겠다. 송정 터널이 생기기 전에 기장으로 가는 유일한 통로였다. 싱싱한 회를 나르던 상인들의 역사는 일제강점기로 거슬러 올라간다. 부전역 주위로 꼼장어 집이 자리를 잡은 것도 기장에서 가져온 싱싱한 먹장어가 있어서다. 새벽 첫 차를 기다리던 그들은 기장의 명물 먹장어와 갓 잡아 올린 해산물, 나물까지 머리에 이고서 난전을 펼쳤다. 시간이 지나며 수요가 있는 지역이라면 어디든 동해남부선을 타고 이동했다.

지름길을 찾았는지 2013년 이후, 더 이상 미포를 지나지 않았다. 남아버린 폐선은 철거될 것 같았으나 관광자원으로 활용됐다. 어릴 적 무궁화호를 타며 창 밖으로 보았던 분위기와는 많이 달랐다. 터널의 길이도 짧았고, 바닥에 밟히는 돌들도 부드러웠다. 빨리 달리던 기차에서 아래를 내려다보면 아찔했었는데 그건 나의 착각이었다.

분위기 덕분인지 여러 영화에도 등장했다. 〈변호인〉에선 우석이 창고에 갇힌 진우를 찾기 위해 지나가는 곳이다. 폐선된 우암동 철길부터 미포 철길까지 주위에 있는 페인트 벗겨진 모든 창고를 뒤졌다. 우석은 미포 철길 앞에 기차가 지나가기를 기다렸다. 역무원이 내는 종소리. 나도 그 소리를 기억한다. 지나가고 싶어도 지나갈 수 없었던 시간. 기차가 지나며 내 얼굴에 바람을 맞히면 무서워 뒷걸음질쳤었다. 철로를 지나며 불편하게 몸을 흔들던 기차는 이제 없다.

가고 싶어도 갈 수 없었던 선로를 지나는 쾌감. 그 기분을 만끽하러 오는 사람들만 존재한다. 그 소리가 싫어 이사 간 사람보다도 이 거리에 남으려는 사람들이 더 많았다. 철길 옆으로 자리 잡은 주택가가 있다. 호텔들이 들어서도 전혀 기죽지 않으신다. 이곳은 자신

철길 옆의 집을 지나 선로를 걷다보면 낙서가 잔뜩 있는 터널을 만난다

들이 평생 살아왔던 곳이기에 더욱이 떠나고 싶어 하지 않으신다. 아마 연희와 만식도 덜컹거리는 기차 소리를 지겹도록 들었을 것이다. 해운대의 백사장을 걷는 것도 좋지만 미포를 지나며 볼 수 있었던 기차가 나는 가끔 그립다.

 말말말

"(자신의 검은색 중형차를 투입하며) 이미 고물이 돼 버린 폐차들만 있으면 영화 속 상황의 진정성이 떨어진다."

감독 윤제균 〈뉴스엔미디어〉 (2009. 8. 21)

7 사고를 쳤으면 책임을 져야 될 거 아니에요?

희미　(어이없는) 백만원이요?

형식　예……

희미　사람 목숨 구하는 데 그것밖에 안 줘요?

― 형식의 상관으로부터 전화가 걸려온다.

형식　곧 복귀하겠습니다. 예 그렇습……

희미　(전화를 뺏어들며) 여보세요. 에. 당신 쫄따구가 사고를 쳐서 당장은
　　　못 가거든요. 쫄따구 교육을 어떻게 시키는 거야.

형식　아이 진짜 이러면 안 되는……

눈탱이가 밤탱이가 된 희미. 사투리로 연기했어도 잘 어울릴 것
같은 아가씨다. 바다에 빠진 희미를 구해줬던 형식은 어이가 없다.
적반하장. 이럴 때 쓰는 말이다. 따지고 드는 그녀의 주장도 자세히
들어보면 완전히 틀리진 않다.

"사람이 사고를 쳤으면 책임을 져야 될 거 아니에요?"

희미는 자신의 오른쪽 눈을 가리키며 말했다. 시퍼런 눈두덩이. 형식의 뒤통수에 맞아 예쁜 얼굴 다 망가졌다. 하필 휴가철에 사고를 당했으니 화낼 만도 하다. 다짜고짜 보상하라는 희미의 말에 형식은 아무 말도 하지 못한다. 그녀는 합의를 해줄 테니 보상을 요구한다. 형식은 토끼눈이 되지만 그녀는 반박할 기미도 주지 않는다. 한 달에 얼마 받냐고 거침없이 쏘아대는 희미. 백만원에 엄청 실망한 눈빛이다. 사람 목숨 구하는 것이 생명보험 가입자 수 늘리는 것과 같았다면 어떻게 됐을까? 아마 희미가 형식을 보는 눈빛이 달라졌을 게 분명하다.

희미의 캐릭터가 잘 설정된 부분이다. 사치부리며 돈 많은 남자 찾을 것 같지만 막상 그런 상황이 되면 망설여진다. 돈자랑 하는 남자들 만나봐도 진정성 하나 없고 그저 놀기만 좋아할 뿐. 진짜 만나보고 싶은 생각은 안 드나 보다. 이는 영화 〈1번가의 기적〉(2007)에서도 잘 나타난다. 그 캐릭터 그대로 가져오며 남자만 바뀌었다. 어리숙하지만 속이 깊어 보이는 형식. 그녀는 자신도 모르게 다가가서 챙겨주고 싶어진다.

음료 두 잔 시키고 전세낸 듯한 커플. 누가 쳐다보든 상관없이 목소리만 크면 장땡인가 보다. 조용한 카페에 앉아 소란 피우는데 입막음 당하지 않는 것도 신기하다. 그들이 있는 곳은 해운대 언덕 위의 집. 달맞이고개에서도 경치 좋기로 소문난 장소다. 관광 코스가

해운대 언덕 위의 집에서 본 달맞이고개의 아침 풍경

본격적으로 들어서기 전까지 사람들이 북적였던 곳이기도 하다.

레스토랑이자 카페인 이곳은 1990년대부터 달맞이고개 입구를 자처해왔다. 해운대 신시가지에 빈 땅이 많이 보이던 1990년대 초반, 말도 안 되는 가격의 고급 빌라들이 들어왔다. 고급스런 원자재 수입부터 시작해서 입주자가 없을 거란 거센 비난도 잇따랐다. 고급 빌라가 들어서자 음식점 또한 함께 성장했다. 값비싼 요리를 먹을 수 있는 레스토랑, 한 상 푸짐하게 나오던 한식집. 사라진 점포들도 많지만 여전히 버티고 있는 가게도 있다. 언덕 위의 집도 그런 곳이다. 관광 코스와 연계되면서 다시 주목받은 것처럼 보이지만 꾸준한 고객층을 확보해왔던 레스토랑이다. 오래된 호텔 뷔페를 즐기는 기분도 낭만적이지만 나는 테라스에서 보이는 해운대가 더 매력적이었다.

빌라가 가득 들어선 달맞이고개. 어느새 고층 아파트까지 들어섰다

잡음이 끊이질 않았다. 부동산 투기꾼들의 핫 플레이스. 음식점 불법 공간 확장. 건물 고도 제한. 지금 생각해보면 이 분위기는 크게 변하지 않았다. 건물 고도를 제한했던 건 자연 경관을 훼손하려는 무분별한 개발 때문이었다. 달맞이고개란 말도 뉴스에 등장한 뒤 고정된 것 같다. 평당 가격을 올리기 위한 방법이었는지 몰라도 그들이 원한 건 이루어졌다.

점점 무서워진다. 와우산 위로 솟아 있는 더듬이들. 달맞이고개가 아니라 달맞이 빌라촌이라 해도 어울린다. 재건축에 따른 고도 제한이 문제였다. 주목받는 관광지를 가만히 놓아두기 뭐한 상황. 25층, 15층 등 제한에 따른 의견이 분분해지자 결국 외국인에게까지 손을 뻗쳤다. 어떻게 된 영문인지도 모른 채 미국인 건축가가 설계했다는 사실에 일사천리였다. 50층 높이의 아파트가 준공되며 축하와 비난

속에 입주자들이 몰렸었다. 오래 전 달맞이고개 사진을 보면 와우산은 머리숱이 많았다. 그때는 산 중턱에 난 길과 산 아래 모여 있는 미포 주민들이 전부였다.

나는 중학교 때 처음 왔었다. 그때도 개발이 한창이었지만 이 정도까진 아니었다. 감천 문화마을에서 만날 수 있는 하꼬방 수준이 아니기에 가슴이 아프다. 이곳에 올라 달을 보고 가는 건 좋은데 분양가니 재개발이니 하는 말들을 자라나며 심심찮게 들었었다. 남천 삼익비치를 볼 때와는 느낌이 다르다. 그곳은 매립지 위에 준공된 아파트라 크게 신경 쓰지 않았다. 하지만 달맞이고개는 있던 산의 머리가 잘리며 허리까지 내려온 상태다. 해운대에 또 다른 거대한 건축물이 들어설 예정이다. 이젠 그만했으면 좋겠다.

아무것도 몰랐을 때는 그저 좋았었다. 누가 아파트를 만들건 도로를 내든 말이다. 남녀 짝을 맞추어 그저 놀러와 사진만 찍으면 그만이었다. 뉘어가는 해를 배경으로 한 컷. 어두워지는 해운대를 뒤로하며 한 컷. 그리고 내일 아침 다시 올라 일출에 한 컷. 나는 의외로 달맞이고개의 일출이 좋았다. 일부러 만들어 놓은 테마 길은 멋이 없어 구석구석 돌아다녔었다. 문텐로드란 숲길이 조성된 것도 10년이 되지 않았다. 뭔가 없을 때 나는 그저 이 길 저 길 오르며 최적의 장소를 찾으면 한 컷을 했을 뿐이었다. 그렇게 이따금씩 찾으며 추

달맞이고개를 올라가다 드라이브를 멈추고 경치 구경 중인 차량들이 있다

억을 만들었었다.

　요즘엔 운동하는 사람도 많이 보이지만 아직은 드라이브 코스인 것 같다. 널찍한 도로는 아니라도 주차장이 군데군데 있어 이동하기 편하다.

　낮은 언덕을 오를 때 보이는 해운대. 나는 렌트한 차량으로 누군가를 태워 이곳에 자주 왔었다. 나무 위로 솟은 달보다 점점 멀어져

가는 해운대의 불빛이 아름다웠다. 화소도 좋지 않은 디지털카메라로 추억을 담았다. 사진은 휴지통으로 버려졌지만 아련한 기억은 달빛에 고스란히 남겨두었다. 그렇게 고개를 넘으면 달맞이고개를 내려와 청사포로 향했었다. 방파제에 부딪히는 파도가 무섭지도 않았는지 아무도 없는 곳을 찾아 가곤 했다.

　형식이 희미를 이곳으로 데려온 건 우연이 아니다. 작은 소리도 크게 들린다는 달맞이고개. 귀에다 사랑을 속삭이는 남자친구 때문에 여자친구의 웃음소리만 들린다.

　형식이 조금만 더 적극적이었다면 둘레길로 들어가 달빛이라도 구경시켜 주면 좋았을 텐데 아쉽다. 썸을 끝내기 위해 이곳에 가려는 내 친구들이 생각난다. 달빛의 분위기 때문에 저녁 때 올라야 한다는 환상. 이런 것들이 맞아 떨어지니 렌트 비용을 물어보는 녀석들이 많았다. 물론 썸을 끝내지 못한 사람도 있었다. 형식과 닮았던 친구. 다음 번엔 실수하지 않았는지 한동안 헬렐레 하는 얼굴 표정만 지었다.

　난개발이 만들어낸 데이트 코스. 모순적인 상황에도 달맞이고개를 찾는 많은 사람들을 보아하니 괜한 걱정인가 싶다. 숲길로 들어가 나무 사이로 동백섬을 보았다. 변해 버린 건 나뿐만이 아니었다. 나무만 있었던 동백섬, 유흥가만 있었던 해운대, 연립빌라가 주를

동백섬과 마린시티. 해운대는 각자 나름의 방식으로 성장하고 있다

이뤘던 달맞이고개. 내가 자라난 만큼 해운대도 성장하고 있었다.
각자 나름의 방식으로 말이다.

 말말말

"남자친구가 있어도 막 깨무는 걸 좋아한다."

배우 강예원 〈MBC 라디오스타〉 (2015. 3. 19)

〈해운대〉, 쓰나미와의 전쟁은 이제 시작이다

해운대가 아프다. 이젠 해운대와 광안리 모두 아프다. 매 앞에 장사 없다는 말이 실감난다. 그 거대한 땅덩어리를 얼마나 때렸으면 녹지 하나 제대로 보이지 않는다. 윤제균 감독은 해운대가 물에 뒤덮이는 상상을 했다. 물이 뒤덮이며 도망치는 사람들. 넘어지고 다쳐도 도와주는 사람 하나 없는 그곳. 위기 속에서 발견한 인간의 사랑과 냉정함을 동시에 표현했었다. 어쩌면 윤 감독이 물을 돈으로 비유했을지도 모르겠다.

해운대 난개발. 어제 오늘 일이 아니었다. 없던 돈 생기면 사람들은 땅부터 찾았다. 부산 어디가 좋을까? 부산은 역시 광안리나 해운대란 생각에 거대자금이 흘러들어왔다. 이런 현상은 마린시티가 생기기 이전부터 비일비재했었다. 고층 빌딩이 아니었기에 몸으로 실감하긴 어려웠을 것이다. 하지만 평당 가격에서 차이가 확연하게 두드러졌다.

대표적으로 〈변호인〉 영화 속 우석을 예를 들 수 있다. 어렵사리 합격한 사법고시. 팔자 좀 펴나 싶었더니 고졸이라 무시하는 동료들. 등 떠밀려 대전에서 부산까지 온 사람이다. 돈이나 벌자는 생각에 부동산 등기 도장 열심히 찍었다. 그 결과 남천 삼익비치에 가족들과 함께 살 수 있는 멋진 집을 장만할 수 있었다. 감격스런 장면이다. 힘들게 고생해 자수성가한 우석의 모습과 변호사라는 타이틀이 주는 부의 이미지가 합쳐져 광안리로 왔다. 너나 할 것 없이 돈 생기면 좋은 전망에 기대수익 높은 해운대로 온 것이다.

반면 〈해운대〉의 억조는 사업가다. 태풍 속에도 어선을 출항시키는 강행군을 펼쳤다. 선원이 죽자 모든 것을 포기하나 싶었는데 투자자로 돌아왔다. 배는 재미를 못 봤는지 패션타운에 관심을 가지기 시작했다. 그가 자주 등장한 곳은 해운대 마린시티. 국회의원에게 뒷돈을 건네주며 의미심장한 표정을 짓는다. 돈이면 다 된다는 생각의 억조. 그의 사무실도 해운대가 훤히 내려다보이는 고층 빌딩이었다. 멀리서 봐도 더 이상 들어갈 게 없는 곳인데 무엇인가 지으려 한다.

두 영화의 시대는 다르지만 분위기를 잘 살린 장면들이다. 〈변호인〉은 노력하면 성공할 수 있다는 이미지로 광안리를 찾았고, 〈해운대〉는 부패로 뒤덮이고 있는 해운대를 찾았다. 지금의 해운대 개발은 도를 지나쳤다는 평가가 지배적이다. 최근 논란의 중심에 있는 해운대 관광리조트 비리사건. 사람들이 헌신적으로 사랑해주다보니 감사의 마음은 사라졌나 보다. 고층 빌딩에 멀티플렉스 몇 개 들여놓고, 놀 수 있는 공간만 확보하면 된다는 식이다. 지자체건 건축회사건 할 것 없이 다 같이 으쌰으쌰 하며 머리를 맞대었다. 이보다 더 강력한 쓰나미는 없을 것이라 본다.

해운대 중심에서 제대로 된 녹지공간을 찾으려면 달맞이공원이나 동백섬, 이기대공원으로 가야 된다. 광안리 끝쪽에 위치한 이기대는 그나마 예비군 훈련장이 있어 접근이 어렵다. 반면 해운대에 위치한 동백섬과 달맞이고개는 여전히 뜨거운 감자다.

"볼거리는 많은데 즐길거리는 별로 없네요."

해운대를 방문한 뒤 실망한 사람들이 하는 말이다. 이대로 가단 피서객마저 등을 돌릴 수 있다. 친수공간을 확보하며 문화의 쓰나미를 일으켜야 할 판국에 돈의 쓰나미를 가져와서는 안 된다. 영화는 현실이 된다. 1930년대 헐리우드 영화에 등장한 테블릿 PC는 지금 우리가 들고 다니고 있다. 이처럼 쓰나미도 머지않아 해운대를 덮칠 수 있다. 도망가는 사람들. 무너진 다리. 뒤집힌 자동차들. 울음을 터뜨리며 엄마를 찾는 자식들. 영화로 끝낼 일이 아니다. 메가쓰나미를 막기 위해서 작은 목소리라도 낼 수 있어야 한다고 본다.

천 만 영화 속 부산을 걷는다

지은이 | 강태호
펴낸이 | 박영발
펴낸곳 | W미디어
등록| 제2005-000030호
1쇄 발행 | 2017년 7월 22일
주소 | 서울 양천구 목동서로 77 현대월드타워 1905호
전화 | 02-6678-0708
e-메일 | wmedia@naver.com

ISBN 978-89-91761-95-7 (03980)

값 15,000원